老人の取扱説明書

当你老了

老年人行为说明书

〔日〕平松类 著
翟国豪 译

企业管理出版社

图书在版编目（CIP）数据

当你老了：老年人行为说明书/（日）平松類 著；翟国豪 译．—北京：企业管理出版社，2019.11
ISBN 978-7-5164-2045-4

Ⅰ.①当… Ⅱ.①平…②翟… Ⅲ.①老年人—心理保健 Ⅳ.①B844.4②R161.7

中国版本图书馆 CIP 数据核字（2019）第221527号

ROJIN NO TORIATSUKAI SETSUMEISHO
BY RUI HIRAMATSU
Copyright ©2017 RUI HIRAMATSU
Original Japanese edition published by SB Creative Corp.
All rights reserved
Chinese (in simplified character only) translation copyright ©2019 by Enterprise Management Publishing House
Chinese (in simplified character only) translation rights arranged with SB Creative Corp., Tokyo through Bardon–Chinese Media Agency, Taipei.

北京市版权局著作权合同登记号：01-2019-0223

书　　　名	当你老了：老年人行为说明书
作　　　者	〔日〕平松類
译　　　者	翟国豪
责任编辑	蒋舒娟
书　　　号	ISBN 978-7-5164-2045-4
出版发行	企业管理出版社
地　　　址	北京市海淀区紫竹院南路17号　　邮编：100048
网　　　址	http://www.emph.cn
电　　　话	编辑部 (010) 68701661　　发行部 (010) 68701816
电子信箱	26814134@qq.com
印　　　刷	三河市荣展印务有限公司
经　　　销	新华书店
规　　　格	880毫米 × 1230毫米　32开本　7印张　118千字
版　　　次	2019年11月第1版　2019年11月第1次印刷
定　　　价	48.00元

版权所有　翻印必究　·　印装有误　负责调换

前言

老年人有很多让人困惑的行为，实际上这些不是由认知障碍症或者他们固执的性格引起的……

"老年人容易发火，讲道理也没有用，固执地听不进别人的意见，是因为人老痴呆，所以经常做出令人匪夷所思的事情，有时候他们好像是在故意使坏……"对于老年人，您是否有这样的印象？

对于这样的老年人，感觉他们就是"因为认知障碍症他们变得痴呆了""因为倔强他们变得顽固不化""因为对年轻人和社会有偏见"……你一定是这样想的吧？

实际上，这是对老年人的偏见。当然，这其中也不能说与上述感觉一点关系都没有，但还是有很大差别的。

那么，老年人做出诸多让人困惑行为的真正原因究竟是什么呢？与其说是由认知障碍症或老人自身性格引起的，不如说是由他们身体老化导致的。如果了解了医学对这些情况的解释说明，怎么解决和预防也应该是比较清楚了。但是，即使这样，还是有很多人不能正确地应对老年人做出的让人困惑的行为，而把问题搞僵了。

为什么即使红灯亮了，老年人还是照过马路不误

经常有老年人即使红灯亮着还照过马路不误；即使绿灯变成了红灯，还慢条斯理地走在斑马线上。这是要出大事故的啊，让人看着真害怕……

这时候，看护者（译者注：本书中的看护者指老年人的家人或照顾老年人的人）一定在想"是觉得汽车能自动停下来给自己让路吧？""这样做太任性了。"

但是更多的，老年人这样的行为是由年龄增大、身体老化导致的，这是不得已才发生的。这种身体变化如下所述。

- 因为眼睑下垂，腰又直不起来，所以老年人看不见处于上方的信号灯。
- 因为担心摔倒，所以老年人低着头走路。
- 日本信号灯的绿灯时长短，老年人很难在灯变前通过人行横道。

这些行为的出现是由于身体自身发生了变化，和性格或痴呆没有一点儿关系。

了解老年人这种因身体老化而带来的变化，实际上

是非常重要的。有了这样的认知，看护者或者老年人自身就不会在面对变化时不知所措，即便是出现了变化，也不至于情绪急躁，可以冷静面对，还可以减少老年人因为自身变化而产生的自卑感。

本书就老年人自身老化和看护者须知和预防措施，进行简单明了的阐述。直截了当地说，这是一本"怎么对待老年人的说明书"。不是理想论，而是现实地把可能的、简单的方法介绍给大家。

上文列举了老年人过人行横道的例子，下文将给出解决方法。

预防措施
- 使用老年人代步车，加快走路速度。
- 为了使眼睑不下垂，可以做简单的眼操。

看护者须知
- 家人应该测一测斑马线的白线和空白处之间的距离是否是1米，一秒钟能否走完。
- 应该注意到老年人是否只盯着脚下而看不到信号灯和汽车。

除此之外，老年人还表现有其他让人困惑的行为，如：

"同样的话要对老年人重复几遍。"

"老年人突然大声吼叫'真烦人'。"

"老年人往做好的饭菜上倒很多酱油或酱汁。"

诸如此类的很多老年人经常出现的让人困惑的行为，本书将一一列出，并说明老年人做出这些行为的原因，还将详细列出看护者和老年人应该采取的解决办法等。

我是在职的眼科医生，接诊过很多老年患者。10多年来，和10多万老年患者面对面地接触过。虽然我是眼科医生，但是在耳、鼻、口腔、手足等科室都见证过老年人身体老化的实际情况。

为了了解老年人那些让人困惑举动的背后原因，为了找到减少老年人和看护者困惑的方法，我翻阅了大量的国内外的最新论文和文献。为了简单明了地回答老年患者的疑问，我还研究了如何与他们沟通。我自问能为老年患者做点什么呢？我把积累起来的知识和经验总结成现在这本书。

现今，关于高龄者的书，主要集中在老年人的认知障碍症和老年人心理方面，从老年人身体细节、成长角度进行深入分析的，本书还是第一本。本书的另一个特点是总结出日常生活中可具体操作的方法。

我在不了解老年人自身老化特点时，经常会惹怒老年患者，此类事件发生时，我都会一边翻阅文献自学，一边考虑应对方法。医院或者诊所会教你医学知识和技术，但是不会教你如何和老年患者接触，所以才有"今天的日本有很多冷冰冰的医生"的说法。

正是通过翻阅文献和总结方法，我现在能和老年患者很好地交流。

有对母女来医院看病，生病的是母亲，女儿问母亲"是右眼看不太清楚吧？"不管女儿怎么问，母亲都没有反应。这时候，我用本书上介绍的诀窍询问那位母亲，结果她说："是啊，右眼不太好，谢谢医生，这样和我说话的，您还是第一个。"因为我知道人老了，听力会发生怎样的变化，我只是采取适当的方式。

这本书主要是为以下三类读者群体所写。

第一类读者群体家有老年人。不管你问谁，是看电视还是查书，得到的都是"敞开胸怀好好地对待老年人""认真地听老年人说话，他一定会明白的"等冠冕堂皇的回答，并且听了这些话你会因为"为什么当初我没有好好地听他（她）诉说呢"而责备自己。

"好好地听对方说就行"，是没有门诊经验、没有科学、没有医学背景的人的意见，你本人并没有错。

其实，这里面有正当的医学上的理由，如果了解这些理由，可以减少焦躁不安，帮助你做出正确的应对。

第二类读者群体即将成为老年人，对此感到不安，或者步入老年人行列，但是和周围人的关系比较生硬。通过阅读本书，这类读者预先掌握哪些能做和哪些不能做，遇事就会冷静，能够在不给他人增加麻烦的前提下行动，从而减轻自己的不自信。

同时，读者还能了解到并不是年纪大了，就一切都完了，即使年纪大了，也不是所有机能都会衰弱，也不是听不见任何声音，还会有减缓机能衰弱的方法，这些都将在本书中一一介绍。

第三类读者群体从事与高龄者相关联的职业。医疗界和护理界是比较有代表性的，除此之外，还包括销售人员和服务人员，也包括商品开发人员，职场上几乎所有的人都可以包括在内。

特别是从事销售、服务等职业的人员，如果不了解老年人自身老化的情况，在和老年人接触交流时，会很容易地被投诉"说话不礼貌""说话方式不好"。但是，如果了解了老年人身体老化的知识，就可以更好地服务老年人，可能客户数量还会增长。对商品开发者来说，可以开发出真正对老年人有用的商品，而不是仅限于书本理论的构想。

综上所述，如果本书多少能对各位起点作用，我将备感荣幸！

那么，我们就从"为什么老年人遇见对自己不利的事情就装聋作哑"开始吧。

平松类

目 录

第一章

老年人最常让人困惑的三种行为

● 老年人经常让人困惑的行为之一：
遇见对自己不利的事情装聋作哑　　3
　○ 婆婆听不见儿媳妇的话，秘密在于
　　儿媳妇的声音　　4
　○ 压低声音，慢慢地，面对面和老人
　　说话　　6
　○ 按《新闻联播》播音员的语速语气
　　说话　　10
　○ 改善听力——一天练习5分钟的
　　超简单法　　12

● 老年人经常让人困惑的行为之二：
突然斥责别人声音大，而自己却
在大声说话　　16

- 因为听力不佳，老年人不自觉地大声说话 　　　　　　　　　　　17
- 声音太小听不见，声音太大不愉快 　18
- 摄入镁元素，饭吃八分饱 　　　　　20
- 填齐资料可以便宜购入助听器 　　　22

三 老年人经常让人困惑的行为之三：同样的话重复几遍，经常美化自己的过去 　　　　　　　　　　26
- 老年人的记忆力真是下降了，要不同样的话怎么会重复好几遍 　27
- 老年人美化自己的过去，不是因为价值观落后了 　　　　　　　29
- "反复记忆法"和"活动记忆法"有疗效 　　　　　　　　　　　31

【专题】
随着年龄的增大，老年人从五感到身体，究竟会怎么变化 　　　　35

第二章
恶作剧，刁难人

① **老年人经常让人困惑的行为之四：**
说出"我在，是你们的麻烦吧？"
等负能量的话语   43
- 只听老年人说，是大错特错的   44
- 不让老年人说负能量的话，反而
  产生反效果   46
- 闲不下来的老年人   47
- 特别的爱给特别的你——特别
  关爱丧偶老年人   50

② **老年人经常让人困惑的行为之五：**
经常在做好的菜中放大量的调味品   54
- 酸、甜、苦、咸、鲜，全都不是"味"   55
- 调节酸味、器具、照明等，控制盐
  的摄入量   57
- 牛肉和鸡蛋可以补充锌元素，锻炼
  人的味觉   60

**㈢ 老年人经常让人困惑的行为之六：
老年人话少，难亲近，一旦他人
认真询问，反而闭口不语** 65
- 话少→难接近→被孤立→毁灭之路 66
- 男人发声困难是女人的2倍以上 67
- 发声练习小妙招：从1数到10 69
- 说话时，自然地靠近说话声音小的
  老年人 71

**㈣ 老年人经常让人困惑的行为之七：
"这个""那个"异常多，让人不
明白他们在说什么** 75
- 老年人不是所有的记忆力都下降 77
- 你的问题被老年人"应付"了吗 79
- 老年人一边散步一边说话，可以
  促进大脑的活性化 82

第三章

让周围的人非常困惑的行为

一 老年人经常让人困惑的行为之八：
变成红灯了，还在慢条斯理地过马路　　　　　　　　　　　89
- 日本的信号灯通行时长短，部分老年人过人行道困难　　90
- 超简单！练习下蹲或借助老年车，老年人可加快步速　　91
- 发生交通事故时，个子矮的老年人的脏器易受损　　　　92
- 老年人看不见信号灯　　93
- 隐形眼镜和化妆是眼睑下垂的主要原因　　　　　　　　95

二 老年人经常让人困惑的行为之九：
口气不好，一般都口臭　　98
- 口臭是自己感觉不到的　　99
- 牙周炎和虫牙会引起口臭，还会破坏牙齿　　　　　　　101
- 仅用牙膏和牙刷是刷不干净牙齿的　　102

- 按摩唾液腺容易产生唾液 　　　104
- 食用酸性食物或水果，饮用
  内含鲜味的汤汁 　　　　　　105
- 常吃糖或口香糖，多嚼和细嚼，
  唾液分泌多 　　　　　　　　106
- 越用嘴呼吸越容易口臭 　　　108
- 侧睡和加湿器的使用可以防止
  口干舌燥 　　　　　　　　　109

三 老年人经常让人困惑的行为之十：
竟然忘记了已约好的事情　　　　112

- 不是忘了而是根本没听进去 　113
- 老人经常生气地说："你们
  怎么不管三七二十一就往我
  嘴里塞吃的。" 　　　　　　114
- 多人间的会话，很难表达清楚 115
- 面对老年人，不要使用"外来
  语"和省略语，话语越短越好　116
- 笔谈是有效的方法，有意识地
  使用方言会更好 　　　　　　118
- 有时候老年人假装听见了 　　119
- 最好带着人名说话 　　　　　120
- 对听力有益的三种行为 　　　121

第四章

看着就让人担心害怕的行为

一 老年人经常让人困惑的行为之十一：经常在意想不到的地方跌倒，如家中   127
- 老年人发生意外的现场多是在家中   128
- "金鸡独立"，保持重心平衡的方法   130
- 渐进式眼镜是老年人跌倒的原因   132
- 单纯补钙，骨骼不会变强   134

二 老年人经常让人困惑的行为之十二：虽然收入少，但出手大方   137
- 老年人更喜欢选择常年使用过的、有安心感的物品   138
- 为什么在店前大卖特卖便宜的餐巾纸、手纸等   140
- 活的岁数越大越容易相信别人   142
- 强行推销后不辞而别，移动贩卖也有恶德商人   145
- 老年人实际上也看成人小说、浏览成人网站等   147

❸ 老年人经常让人困惑的行为之十三："是不是得了什么重病？"怎么吃得这么少　152

- 以蔬菜为主的少食习惯，和健康是背道而驰的　153
- 对老年人说"你瘦了"，会吓他们一跳　155
- 先准备一种不常用的调味品　157
- 一月换一次牙刷，食物更美味　159

❹ 老年人经常让人困惑的行为之十四：容易被噎到，可能危及生命　162

- 空气以外的东西很容易进到肺里　163
- 喉咙堵塞先拍打后背　165
- 锻炼呼吸肌，经常润嗓子　166

❺ 老年人经常让人困惑的行为之十五：天还黑蒙蒙的，他们就已经起床了　170

- 老年人的睡眠问题不容忽视　171
- "镇压"影响老年人睡眠质量的"坏分子"　172
- 不困想睡的结果反倒是睡不着　175
- 光亮既有助于睡眠，也影响睡眠　176

六 老年人经常让人困惑的行为之十六：
有那么多尿？需要频繁地上厕所吗　180
- 不能让老年人1小时以上不活动　181
- 去厕所的次数越多，去厕所的间隔
  会越短　182
- 摄取植物纤维的方法错了，可能
  便秘　184

尾注　189

后记　201

第一章

老年人最常让人困惑的三种行为

一 老年人经常让人困惑的行为之一：遇见对自己不利的事情装聋作哑

这一年的春节，A和丈夫一起回婆婆家过年。作为儿媳妇，A理所当然地帮助婆婆准备饭菜、洗衣服等，几乎有活就干。

这天，A正在忙着洗刷碗筷，发现不远处还有一个没有清洗的茶碗，而婆婆恰巧就坐在那边悠闲地品着茶，A的手湿着，并且还沾有洗涤灵，于是A想让婆婆帮着把茶碗递过来，就对婆婆说："对不起，能把那个茶碗递给我吗？"可是婆婆一点儿反应都没有。

"难道婆婆没有听见？"A在心中暗暗地想。就在这个时候，A听见丈夫说："妈，有羊羹，吃吗？"婆婆回答："是吗？吃。"

看着一边笑着一边鼓着腮帮子吃羊羹的婆婆，A吃了一惊，自己离婆婆要比丈夫离婆婆近，而且自己的声音也比丈夫的声音大啊，为什么婆婆没有听见自己的话呢？

婆婆听不见儿媳妇的话，秘密在于儿媳妇的声音

高龄者会经常无视对方的话语，这往往让对方联想到"他是不是不喜欢自己？""对话题没什么兴趣？""她在发呆吗？"等等。

事实上，这其中大多数老年人都不是"没听"，而是"没听见"。现在已经知道的是，大约50%的70岁以上的老年人，超过70%的80岁以上的老年人都有听力困难症[①]。所以，70岁以上的老年人对他人的话语没有反应时，他们"不是没听，而是没听见"。

也许很多人会想，父母看电视的时候怎么就能听见电视上的声音呢？听力困难，只是听力在减弱，而电视是既能听也能看的。

随着年龄的增加，老年人容易患上听力困难症，不是真的听不见，而是其中一部分听起来很困难。对老年人来说，分贝比较高的声音，特别是年轻女子的声音听起来会比较困难。

所以，通常都是女儿和儿媳妇说的话被老年人忽视了。"能看电视，对我的话却充耳不闻，绝对是装作听不见，真让人生气"，大多数人都会这么想。其实如果我们对老年人和听力困难症多一些了解，也就没有必要生气了。

会话的音域，也就是指人的声音在500~2000Hz（赫兹）范围内。Hz是频率的基本单位，频率越高声音越尖，频率越低声音也就越低。不到60岁的中年人，听力不会因为音域而有什么差别。但是60岁以上的老年人，如果说话者的高音（2000Hz）不高出低音（500Hz）的1.5倍，他们很难听清楚[2]。年轻女性的声音要高出男性声音1.5倍，其声音才能被老年人听见。

所以你说的话没有被老年人听见或者听清，是因为你年轻并且音频高，不要想着"他们不理我，这让人很生气"，而要想"我的声音还年轻啊"，如此一想，心情就会舒畅很多。

压低声音，慢慢地，面对面和老人说话

我经常在门诊现场看到一些年轻女性不知道怎样和老年人说话，有的甚至吵起来。那么，应该怎样和老年人对话呢？

"给您拿点药，三个月以后再来复诊。"我对患者说。女儿忙问自己的母亲："药，还有吗？""什么？"妈妈反问女儿，女儿急地抓耳挠腮，再一次大声问母亲："药，还有吗？"强调几遍后，母亲还是听不清，不由地露出了为难的表情。

这时候，护士走过来，对老人说："家里还有药吗？""还有，就是担心不够用，再拿一支眼药吧。"老人回答。

话是为了让人听清的，那么，怎样说话才能让老人听清楚呢？诀窍就是"压低声音，慢慢地，面对面和老人说话"。

尽量压低声音，因为老年人能听见低音，所以听不见儿媳妇的声音，但是能听见儿子的声音。还有，和女儿相比，护士的声音低，也能听得见。我的声音很低，在和老年人沟通时是很有帮助的。

在医疗机构或看护现场等地，你会发现和老年人交谈的人，都会不自觉地压低声音，问他们为什么这样说

话,答案是"总觉得只有这样说话,老年人才能听得进去"。有些工作人员不知道,和老年人说话时,声音越低他们越容易听懂,他们一般都是大声地和老年人说话,当然老年人经常露出很烦的表情。所以,并不是声音越高老年人越能听得清楚,说话的语气和姿势更重要——"质比量重要"。

一定要注意,慢慢地,一句一句地说。大家反映我说话语速快,所以我在门诊现场尽量放缓语速慢慢说话。只要你意识到应该以同等语速和交谈对象说话,语速就能慢下来。当对方说"早上好",而你喋喋不休地说"早上好,今天天气真热,太烦人了"。对方会听不见或者听不清。

"药还有吗?"不如说成"药,还有吗?"一句话分成简单的单词说出来,老年人更容易听懂。

当然,这种说法也容易让老年人误解为"你是不是把我当成傻子或者小孩?"不管怎么样,为了让老年人听懂,在尊敬对方的基础上,适当地划分句子,这样的沟通效果会更好。

尽量坐在老年人的对面,看着他们的脸说话,这也是有效的方式。

你和老年人交谈时,会看着哪里说话呢?是看着风景说话还是看着对方的身体说话呢?听力有障碍的老年人为了不漏听对方的话，通常都非常认真地听，并且看着对方的嘴巴。下次和听力有障碍的老年人说话时，你可以确认他们是否盯着你的嘴巴。

你在有听力障碍的老年人的身旁或身后说话时，他们看不到你的嘴部动作；如果你戴着口罩说话，不仅声音低沉，老年人还看不到你的嘴部动作，这些都不利于他们理解你的话语。所以，和老年人讲话时，应该摘下口罩，面对面地和老年人说话，这不仅仅是礼貌问题。

如果采用以上的方法，还是解决不了老年人的听力障碍问题，你还可以试试下面的方法。

即使面对面地讲话，老年人还是听不清楚，那么你可以对着他容易听见声音的耳朵，或者戴着助听器的耳朵讲话，通常会有效。实际上，老年人会不自觉地将容易听清声音的耳朵对着你。

和声音的高低一样，音节也有不太容易听清的，"あ(A)、い(I)、う(U)、え(E)、お(O)"这五个母音容易听清，子音的声调容易变小，听起来就不是那么容易，子音中特别是"さ(SA)行的さ(SA)、し(SHI)、す(SU)、せ(SE)、そ(SO)"和"た(TA)行的た(TA)、ち(TI)、つ(TU)、て(TE)、と(TO)"比较难听清。赤穗浪士的"四十七士（しじゅうしちし，SI

-ZYUUSHITISHI)"就很难听清楚。还是说"赤穗浪士(AKOUROUSHI)""忠臣藏(TYUUSINGURA)"比较容易听懂。

了解这一点后,在以后的说话中你就要特别注意"さ(SA)行""た(TA)行"的发音,"选手宣誓(SENNSYUS-ENNSEI)""警察署长(KEISATUSYOTYOU)""战意消失(SENNISOUSITU)""著者(TYOSYA)""砂铁(SATETU)"等都是不容易发音、也不容易听清的词语,换个说法也是解决问题的一种办法。

按《新闻联播》播音员的语速语气说话

和有听力障碍的老年人交流时,你可以参考电视节目或广播节目中播音员的语速。实际上,我也经常参加电视节目和广播节目,为了取得好的收视(听)率,不仅节目内容要吸引人,而且节目主持人的语言要适合,语速要适中。

如果看电视,建议老年人看晚间7点的《新闻联播》,不仅语言规范,就连语速也比其他电视节目的语速慢。我参加老年人节目的时候,就被要求"以自己觉得这么说有点慢的语速"来说话,我曾想过这样说话老年人会不会很难听清?实际上,以这样的语速说话反而受到了老年人的一致好评。

对高龄者来说,广播节目更合适他们。因为广播节目不是靠身体表演而是靠声音吸引听众,主持人播音的语速较慢。我参加NHK(译者注:日本放送协会)晚间节目或TBS电视台(译者注:Tokyo Broadcasting System Television)早间节目后,听到很多老年人说:"先生,你的节目我们都听了啊。"

另外,还要注意词语的选择。电视台工作人员告诉我,"数字尽量不要罗列在一起说""尽量不要选择发音相同的词语"。例如,说"发光(HALTUKOU)"的时候,对方可能不知道你说的是"发光（HALTUKOU）"，还是"发效（HALTUKOU）"，或者是"发行（HALTUKOU）"，还是"发酵（HALTUKOU）"，因为这些词语的发音都是"はっこう（HALTUKOU）"，难以区分。所以，此种情况下，可以选择其他表达方式，用"发光体"代替"发光"。在广播电视节目中，语言表达的各个细节都会注意到，所以，在日常生活中听收音机，对有听力障碍问题的老年人来说也是有益的。

改善听力——一天练习5分钟的超简单法

那么，老年人要想避免患上听力障碍症，应该怎么做呢？精神压力、糖尿病和高血压是听力衰弱的重要原因。这三种情况不仅导致听力衰弱，也是万病的根源。

对耳朵来说，造成伤害的特有原因又是什么呢？戴着耳机开足音量听东西会伤害耳朵。高龄者因为听力障碍或者因为不想给周围的人增加麻烦，会戴着耳机放大音量看电视，但是这样做，会造成听力的进一步衰弱。

具体说来，WHO（译者注：世界卫生组织）建议使用耳机时，耳机的音量调到最大音量的60%，听的时间控制在1小时以内[3]。但是最大音量会因为产品的品牌不同而不同，即便是调到最大音量的60%，伤害听力的耳机产品也是有的。所以，使用耳机时，即使有一点儿不舒服的感觉，使用者都应该调低音量。为了更好地保护听力，使用者应该选择具有消除杂音功能的耳机。

工作在建筑工地等嘈杂环境中的人，大多数无法防范噪声[4]，就是因为这样，当他们年纪大了，很容易患上听力障碍症。自己的身体只能自己多注意，随身携带耳塞是一个好办法。

除此之外,掌握增强听力的训练方法也是必要的。现在已经知道的是,经过8周的训练,听力就能增加2倍[5]。训练方法就是,一点一点地调小收音机或者CD的音量,进行即使在很小声音的条件下也能听见的训练。一天一次,每天练习5分钟,这个训练方法是非常简单的。

如果老年人的听力已经出现问题了,请记住:听声音时,将手放到那只容易听清声音的耳朵后,这样效果会更好。

高龄者自身老化症状（1）
- 不是所有的声音都听不清楚。
- 难听清楚的是高音，特别是女人的声音。

看护者易犯错误
- 大声地和老年人说话，连续攀谈。

看护者须知
- 说话时不要戴口罩，让老年人看清楚嘴部动作。
- 低声地、缓缓地和老年人说话。
- 不仅面对面地和老年人说话，还要对着老年人容易听清声音的耳朵或者戴着助听器的耳朵说。
- 以老年人说话的语速说话。
- 一个词组一个词组地说。
- 学习新闻播音员的播音方式、语气和语速。
- 不要连续地说数字。
- 话语中涉及同音异义词语时，选用其他词语来表达。

预防措施

◎ 尽量不使用耳机或者耳麦。

◎ 听广播或者看电视时,调低音量。

◎ 在嘈杂的环境中,戴上耳塞保护听力。

改善措施

如果听力衰弱,你可以采取下面的措施。

◎ 将手放到耳朵后,有助于听清声音。

◎ 一点一点地调小音量,做即使声音很小也能听清的训练。

　　正如上文所说,老年人确实有听力障碍症,但是有的时候他们会怒吼"真烦人"。为什么他们会怒吼呢?看护者应该怎么应对呢?这是下一节的主题。

⊜ 老年人经常让人困惑的行为之二：突然斥责别人声音大，而自己却在大声说话

　　B是幼儿园的老师，幼儿园不怎么大，没有很多孩子一起游戏的空间，所以B每天午饭前带着孩子们到附近的公园玩。这一天，B领着5个孩子来到公园。孩子们在公园里嬉闹着，尽管每天的工作很辛苦，可是B喜欢孩子们，所以一直做这份工作。

　　这时候，一位留着胡须的老年人坐在公园的凳子上，抖着腿，好像很烦躁。B感觉有点儿不安，就让孩子们尽量远离这位老人。突然，老人叫骂起来，"怎么这么烦人，你们这些混蛋！"孩子们被突然的叫嚣声吓得躲在了一边。

　　B赶紧把孩子们召集在一起，说："今天的活动结束了，我们回去吧。"B一边带孩子们返回幼儿园，一边不由自主地想"如果那位老人明天还在的话，可怎么办呢？"

因为听力不佳，老年人不自觉地大声说话

高龄者即使在公交车、地铁等公共场所也大声说话。在最早的一趟新干线上，安静的车厢里大家都在打盹儿。突然有位老年人大声地说："最近我们家附近又在施工，真是妨碍生活，他们用着纳税人的钱，净干些没用的事，那可不行。""是啊，我就是想清清静静地过日子。"

高龄者不自觉地大声说话，是因为他们的耳朵不好。说话者和听话者的耳朵都不好，即使大声说话自己也感觉不到，还认为自己是以正常音量在说话。

另外，高龄者一般很少出门，所以一旦出门，他们就会兴奋地不自觉地调高声音。

门诊现场也有不知不觉大声说话的高龄者，"坐这儿吗？""光走路，都不容易了啊。"这样的大嗓门让新来的医生和护士有点儿害怕，还以为他们在发火呢。

实际不是这样的，"那位年轻的护士，真是认真负责、和蔼可亲啊"，能说这样话的人，怎么可能是在发火呢。他们只是说话时，口气粗鲁并且声音大，让人感觉不舒服而已。

说话声音大容易让人联想到高龄者因为年纪大了，性格也变坏了。事实上，变坏的不是他们的性格，只是耳朵。

声音太小听不见，声音太大不愉快

高龄者不仅会无意识地调高说话的音量，还会厌烦某些声音。孩子的声音、狗的吠声等更容易引起他们的不快。所以，高龄者反对在其住宅周围建设幼儿园，或者大声斥责发出声音的小孩。

经常有人说"真不像话，孩子是我们的宝贝啊""上了年纪的人真是令人难以琢磨"等类似的话语，但是也请理解老年人对于小孩子声音的不快感，要不然他们怎么会对"含在嘴里怕化了，捧在手里怕摔了"的孙子孙女们采取这样的态度呢？因为老年人面对的是自己的孙子孙女，所以才觉得他们可爱，这是事实，但是面对孙子孙女们的长时间哭喊，有的时候高龄者也会突然怒吼起来。

尽管老年人难以听清高音区的声音，但是音量一旦超过一定分贝后，老年人会突然感到心烦意乱，这种现象叫作"听觉补充现象"。现在已经知道的是，70岁以上的老年人听到高分贝的声音感到心烦意乱的概率将会增加7成[1][2]。也就是说，高音区声音太小老年人听不见，声音太大他们又会有像耳鸣一样的刺耳感。

使老年人产生不快感的声音很难形容，引起他们不快的声音种类也不一样。但是你可以把这类声音想象成金属间的摩擦声或者动物爪子抓黑板的声音。

　　重听的情况越严重，几乎听不清所有声音的情况和对高音区声音有不快感的现象也就越严重。

　　如果老年人厌烦孩子和动物等的声音，我们需要做好隔音措施。隔音墙的厚度（重量）如果增加2倍，声音入耳的效果和2倍距离以外声音入耳的效果是同样的[3]。

　　装修房屋时，把布条等塞入墙中也会有隔音效果。

摄入镁元素,饭吃八分饱

预防听力障碍和改善听力首先从吃饭开始。现在知道的是,镁元素对预防听力障碍和改善听力很有效[④]。

在日本,男性被建议每天摄入320毫克的镁元素,女性被建议摄入270毫克的镁元素[⑤]。但是仅靠一种食材满足每天镁元素的需求量,这是很困难的。海藻等食材含有较多的镁元素,100克的海莴苣含镁元素3200毫克,一碗味噌汤含有4克左右的海莴苣,即镁元素的含量是130毫克左右。一次食用5克的羊栖菜,相当于补充32毫克左右的镁元素。坚果类食物中镁元素的含量也很多,一杯6克的可可茶含有73毫克的镁元素,10粒杏仁(110克)含有31毫克的镁元素。多吃几种含有镁元素的食物,如一边喝可可茶一边吃杏仁,镁元素的吸收效率会更高[⑥]。另外,镁元素还能治疗便秘,很受日本女性欢迎。

除镁元素以外,维生素C和维生素E也能改善听力。

吃饭只吃八分饱对改善听力同样有效[⑦]。适量饮食,能够预防听力减弱。由此可见,饭吃八分饱的养生法不仅对心脏有益,对耳朵也是有益的。

现在知道的是,重听患者容易患上认知障碍症。重听的老年人比非重听老年人得认知障碍症的年龄要早上6.8岁[⑧]。有研究结果表明,重听患者3年以内需要介护

（译者注：日本的保险介护制度将需要护理的对象分为7类，按照轻重分别为支援1、支援2、介护1到介护5）或者死亡的概率增加2到3倍[①]。

　　为什么会发生这样的事情呢？人类多是用眼睛收集信息，但是经由耳朵收集的信息也是庞大的。遮蔽了可收集信息的耳朵，那么老年人和周围人的交流、沟通就会减少。在商场，老年人和收银员说点什么都会感到厌倦。不知道电视、收音机上在说什么，更会让老年人寂寞。

填齐资料可以便宜购入助听器

重听患者不意味着一定会患上认知障碍症，要看其具体病情。重听患者借助助听器，听力水平可以接近非重听患者的听力水平。助听器不仅减少了重听患者的诸多不便，也降低了他们患上认知障碍症的概率[10]。

和英美国家相比，助听器在日本远没有普及[11]。日本只有13.5%的重听患者使用助听器，英国使用助听器的重听患者的比例达到42.4%，美国是30.2%，日本的使用比例还不到美国的一半。这是非常令人遗憾的。说起来，想戴助听器的日本人不多，日本也没有使用助听器的环境，所以助听器在日本很难普及。

近视眼镜一戴上，使用者就会感觉到效果，周围事物都清晰了，但是佩戴助听器是需要时间适应的。所以，日本的重听患者很难对助听器产生好感。即使有很多人像买眼镜一样购买助听器，他们也不习惯使用。

那么，重听患者怎样才能习惯使用助听器呢？

首先，重听患者要在售卖助听器的地方好好地调整助听器，助听器平均需要调整五六次[12]。

其次，重听患者不要刚戴上助听器就到户外。先在安静的房间里戴上助听器听听自己的声音，然后在一对一的对话中使用助听器，进而在2~3人间的交谈时使用，适应助听器后再逐步熟悉外部环境。只要这样一步步地练习，重听患者才会习惯使用助听器。

最后，助听器确实很贵，便宜的助听器也要几万日元，贵的甚至要50万日元。所以，一些重听患者面对助听器的价格会踌躇不前。但是，日本的重听患者可以根据"自立支援法"，通过耳鼻喉科的诊断，如果重听达到一定的基准（障碍6级以上），他们可以填写申请资料，以1折的价格就可买到助听器。这一点很重要，日本大概有9%的重听患者知道购买助听器还有这样的惠民政策。

综上所述，老年人的看护者应该知道，即使老年人在大声地讲话，也不要轻易地断定"他们在发火。"

另外，看护者还应该意识到，老年人不喜欢高音区的声音。

高龄者自身老化症状（2）

- 高音区的声音大到一定分贝会引起老年人的不快。
- 因为听力不好，所以老年人的说话声音大。
- 听力衰弱会加重认知障碍症。

看护者易犯错误

- 老年人因为年纪大了，所以容易发火。

看护者须知

- 不要轻易断定高声说话的老年人在发火。
- 高音区的声音会比预想的更能引起老年人的不快。
- 避免孩子们在老年人面前长时间地吵闹。

预防措施

- 饭吃八分饱。
- 补充镁元素、维生素 C 和维生素 E。

改善措施

如果出现了重听,日本患者可以采取下面的措施。

- 通过耳鼻喉科的诊断,填写申请资料,重听患者可以以1折的价格购买助听器。
- 重听患者先在家中练习使用助听器,从易到难。

　　老年人经常让人困惑的行为还有"翻来覆去地说同样的话"。老年人为什么会有这样的行为呢?看护者应该怎么应对呢?请继续阅读。

❸ 老年人经常让人困惑的行为之三：同样的话重复几遍，经常美化自己的过去

C的爸爸总是翻来覆去地说起过去的事情："在你很小的时候，我带着你去百货公司，在那儿给你买了块糖，这块糖啊……"C接着问："是薄荷味的吧？"

这件事情C都不知道听了多少遍，几乎都能背下来。C上网查询如何处理这种情况，给出的建议是"不能否定老年人，无论同样的事情他们说了多少次，都应该笑着听他们说"。C可是有点忍不住了。

C的父亲对当今的一些事情很是不满，而过去的事情就像连续剧的美满结局一样，他总是讲给C听。"以前太好了"是他的口头禅。

C听腻了，不耐烦地说"能不能不要来来回回就说那么几句话"，父亲好像很沮丧，流露出不高兴的神情。这次，C可真是惹麻烦了。

老年人的记忆力真是下降了，要不同样的话怎么会重复好几遍

老年人年纪真是大了，如果不是因为这个原因，为什么同样的话他们要重复几遍呢？

你会觉得这是由记忆力下降导致的吗？

那么，为什么同样的话他们能重复几次，并且这些话都很长？如果他们的记忆力下降了，应该不可能重复说同样的话。忘不掉的、既长又让人听腻了的话，老年人反反复复地说，想想就觉得不可思议。

高龄者的记忆力，不是整体都下降，首先遗忘的是短期记忆。他们容易忘记的是最近发生的事情，如"我把眼镜放哪儿了""我应该买什么物品啦"。即便是青年人和中年人，忘事也是时常发生的。你也发生过这样的状况吧？

这里说的短期记忆不是超短期记忆，超短期记忆是能够保持的①，比如，一方说"热包子"，另一方会很快回应"热包子"，如果一方说"上毛歌谣"（译者注：1947年发行的关于群马县的歌谣），另一方也能说"上毛歌谣"。这些都是超短期记忆。

容易忘记的是最近的记忆，长期记忆的遗忘比短期记忆更需要时间。因为长期记忆是经常使用的记忆，不容易忘掉，如红色的邮政信箱（译者注：日本的邮政信箱是

红色的)、孩子的名字等都属于长期记忆。据说，20岁左右的记忆最不容易被忘掉[2]。

所以，高龄者经常会忘记昨晚吃了什么，却记着小时候上下学的情景。

通常，身体力行、反复做过的事情，不容易忘记，比如，如何骑自行车、怎样工作、怎样游泳等。

但是，年轻的时候去某地旅游过一次的事情容易被忘掉。经常会出现这样的情况，"一家人高高兴兴旅行的事情不记得了，记得的反而是以前单位的事情"。忘记旅行记住工作，不是因为工作比家人一起旅行重要，而是因为反复做过的事情成了长期记忆。

对老年人来说，反复发生的事情都属于长期记忆，他们会记得比较清楚，最近发生的事情都属于短期记忆，容易被忘掉。

老年人美化自己的过去，不是因为价值观落后了

以前有位医生，经常会重复讲述自己以前的事情。同样的话听了很多次，我几乎都能背下来。他经常会问："那么，你想知道那个时候到底怎么了吗？"

我不知道怎么回答好，如果说"知道"啊，这可能会使老人心情不悦。如果装作不知道地说"怎么了？不知道啊"，万一他突然想起自己以前说过这件事并且说"以前和你说过这件事，你怎么会不知道呢？"我会很尴尬。所以，我都是反问"怎么了？"然后听他讲起过去的事情。听了30多次，他每次都会问"那么，你想知道那个时候到底怎么了吗？"而且他一次也没有觉察到自己每次都在讲述同样的事情。

说起以前的事情，老年人一般都会说些"当时真是拼了命啊""那时候真好啊"之类美化过去的话语。这是为什么呢？这也是记忆的不可思议的一面。

人们容易忘记过去记忆中不愉快的事情而记住愉快的、美好的事情[3]。在中小学时期，大家每天都上课、做作业，也经常招来家长和老师的责骂，但是大家更多记住的是去爬山和参加运动会等使人乐而忘返的事情。

之所以会这样，有说法认为这和"余生"有关。人在有限的生命里，为了尽可能地获得满足感，会无意识

地记忆一些值得肯定的内容。这是为了减轻对健康的担心，以及即将和亲人、友人分别而产生的心理压力，是没有恶意的。

老年人对最近发生事情的记忆，是不可思议的，他们记住的都是不愉快的事情。于是，现在和过去在老年人的记忆中就变成了"现在不好""以前真好"。因而，大家得出"老年人美化过去否定现在"的结论。

"反复记忆法"和"活动记忆法"有疗效

如果使用一些记忆方法，无论是"以前的记忆""反复的记忆"，还是"活动的记忆"，老年人同样都能记得住[4]。

当老年人需要记住重要事情的时候，反复记忆法一定会发挥作用的，如，老年人可以一边打扫庭院，一边反复回忆想要记住的事情。

另外，短时间的睡眠也是有效的。在条件允许的情况下，老年人记住某事以后立刻小睡30分钟，这也是一个利于记忆的方法。

利用"反复记忆法"和"活动记忆法"，要记忆的相关内容容易在大脑中留下印象，看护者可以用此阻止老年人反复地重复同样的话。

比如，有的老年人会不间断地讲过去战争发生的事情，甚至一天连续讲很多次，或者今天说了，第二天还会再说一次，这是因为在第二天已经忘记昨天说过了。那么，看护者就可以利用"反复记忆法"，让他一天连续讲几次战争的事情，如此一来，他就会对此记忆深刻。"活动记忆法"，是制订一个规则，在老年人讲起战争事情的时候，让他们喝特定的饮料。于是，"喝特定的饮料"和"讲起战争事情"重叠，进而"讲过战争事讲"就会被记住。

除此之外，有些老年人也许是因为想起年轻时候的事情心情就舒畅，所以就不停地讲过去的事情。面对这样的老年人，看护者可能要崩溃。

如果看护者对老年人说"别重复说同样的事啊"，这会给他们留下"我被否定了"的记忆，也就是说，他们记住的是"你发火了"的结果，但是不知道"你发火是因为他们重复说一件事情"。

虽然看护者焦虑的心情可以理解，但是应该明白，即使发火也不能解决问题，还有可能使事情恶化。所以，这个时候看护者要静下心来，或者心里默想让他说5次。

高龄者自身老化症状（3）
- 高龄者并不是失去了所有的记忆。
- 以前发生的事情能够记住，近期发生的事件却容易忘记。
- 重复记忆和活动记忆容易记住。
- 容易记住过去的、美好的事情，或者近期的、不愉快的事情，这也是老年人美化过去的原因。

看护者须知
- 老年人会反反复复地唠叨同样的话。
- 看护者可以劝说老年人一边喝茶，一边说同样的事情。
- 看护者向老年人交代很多事情的时候，先少说一点，间隔一会儿，再说没有说完的事情。
- 有意让老年人一天讲几次同样的事情，可帮助他们记住"讲过的事情"。

预防措施
- 应该记住的是，一边做着小活，活动着身体，一边反复回忆要记住的事情。

改善措施

如果自己出现了记忆方面的问题,你可以采取下面的方法。

- 记住一件事情后,小睡片刻,睡觉时间控制在30分钟以内。

但是,即使不反复说过去的事情,老年人也会说些让人郁闷、沮丧的话。为什么会这样呢?请阅读第二章。

【专题】
随着年龄的增大，老年人从五感到身体，究竟会怎么变化

现在所看到的世界、听到的声音、闻到的气味和触摸东西的感觉，还有尝到的味道，随着年龄的变化会发生怎样的变化呢？我们设想一下吃早餐的情景。

早上起床后，烤上面包片，听到烤面包机发出"叮"的声音后，年轻人取出面包片，手不小心碰到了烤面包机的金属部分，"哎呀，热。"年轻人赶快缩回了手。

刚刚烤好的面包片散发出阵阵麦香。年轻人确认黄油的保质期后，将黄油涂抹在面包片上，黄油刚沾到面包片上就化了，那股诱人的奶香味，勾起了年轻人的食欲，放到嘴里咬一口，好吃的程度无法言表。

那么，老年人会怎么样呢？

起床一看，起早了，才凌晨4点钟，外边还黑着呢。等了一会儿，老年人开始烤面包片。"还没烤好吗？"确认了一下，面包片早就烤好了，因为听力不好，没有听见烤面包机发出的"叮叮"提示音。

从烤面包机里拿出面包片，老年人看了一下手，轻微的烫伤，但是竟然一点儿也没感觉到疼痛。

老年人似乎也闻不到面包片的香味，想确认黄油的

保质期，但是字太小，看不清楚，算了吧，就这样凑合吃吧！老年人抹上黄油，咬了一口，品尝不出味道，只是感觉到食物从口里滑到了肚子里。

五感就是视觉、听觉、嗅觉、味觉和触觉，随着年龄的增长，五感都在减弱。但是它们不是均等地减弱，下面我们具体看一下。

视觉

首先,从四十五六岁开始,人的眼睛开始老视(花眼)。到了50岁,看起书来眼睛会有些吃力,到了60岁,如果不戴老花镜看书会很辛苦。

从五十五六岁开始,大概有一半以上的人会患上白内障[①],超过80岁,99%的老年人会患上白内障。患有白内障的人,不容易看清楚昏暗处和明亮处的事物。夜里如厕踏空楼梯摔倒和夜间开车因为对面车灯耀眼而发生事故的可能性大大增加。

听觉

听力障碍症多发生在五十五六岁以后,六十五六岁后患上此症的老年人会急速增多,70%~80%的80岁以上的老年人患有听力障碍症[②]。

首先,老年人容易漏听高音区的声音等。测量体温时,老年人因为听不见电子温度计的"哔哔"提示音,所以会一直夹着体温计。

慢慢地,老年人开始分不清声音,不喜欢看几个人参与讨论的电视节目,因为几个人聚在一起聊天,老年人很容易听漏声音,甚至连重要的约会也忘记赴约了。因为听不到身后开过来的汽车声，老年人容易遭遇交通事故。

嗅觉

随着年龄的增长，人的嗅觉会增强。但是五六十岁之后，嗅觉就慢慢变弱，而老年人自己往往很难注意到这一点，70岁以后嗅觉衰弱得更快[③]，因为味觉和嗅觉是相互关联的，所以味觉也会减弱。

在日常生活中，老年人很难发觉自己有体臭或者口臭。有的时候，老年人由于洒了太多的香水，引起别人的不快。

味觉

60岁以后，人的味觉开始衰弱。因为味觉障碍，老年人的口味变得越来越重[④]。

特意给老年人准备的清淡饭菜，老年人会觉得没滋味，不自觉地想加酱油或者酱汁，结果身体摄取了过多的盐分。

老年人因为吃不出味道来，所以吃饭的乐趣也会减少，自然就影响了食欲。他们感觉到不管多高级的、多美味的食物，都没有以前好吃。

触觉

　　50岁以后，人的触觉开始衰弱，70岁以后，这种衰弱变得尤其明显。物体拿在手里感觉变弱了，所以物体容易从手中滑落。皮肤对温度的感觉也变迟钝了，所以皮肤很容易被烫伤[5]。和年轻人身处同一个空间，老年人会因为对空调的设定温度与年轻人要求不一样，而对年轻人怒目相向。

　　上述内容是关于人老后五感的变化。下面看看身体各项机能和脏器的变化。

肌肉，关节

　　腰和膝盖的疼痛，以及关节的变形是从40岁开始的。80岁以上的老年人，半数以上的膝关节会变形，70%以上的腰关节会变形[6]。

　　肌肉力量的减弱也是从40岁开始的，五六十岁时变化会更明显，但是上半身的变化不怎么明显，即使照镜子也不会发现肌肉有什么变化。

　　人越来越不愿意走路，渐渐地，走路速度也会慢下来，即使在平地也容易摔倒。

记忆力,知能

记忆力从50岁开始慢慢衰弱,到了六七十岁,这种衰弱就会更明显。但是根据记忆事情的种类和记忆的方法,衰弱和不衰弱的现象都有[7]。80岁以上的老年人有能保持知识和才能的,也有老年人从60岁开始记忆力就衰弱的。

肾脏,膀胱,前列腺

从40岁开始,这些器官的机能减弱,60岁左右时,老年人能感觉到机能衰弱,去厕所的次数也会增加[8]。

心脏,血管

从60岁开始,心脏和血管机能衰弱[9],这是心肌梗死、脑梗死的原因。老年人也难以长时间地走动和运动。

肺

45岁左右,肺部机能慢慢衰弱[10]。登山时,人们会感到喘不过气来,长时间的移动和运动会让人很不舒服。

第二章 恶作剧,刁难人

● 老年人经常让人困惑的行为之四：
说出"我在，是你们的麻烦吧？"等负能量的话语

D和义父义母住在一起。义母年纪大了，不是这里不舒服，就是那里不太好，不间断地住院。即使这样，义母还是坚持帮着D洗衣做饭。

D："义母也帮了不少忙，但是她毕竟年纪大了啊。"

丈夫："是啊，也该让他们享享福了，但是这么多活，你一个人行吗？"

D："没关系，也就是四个人的活，没什么了不起的。"

和丈夫商量后，D一个人承担了洗衣、做饭、打扫卫生等家务活。开始时，D还真有点儿吃不消，但是后来习惯了，而且丈夫也很配合，有时候帮着D扫扫地、扔扔垃圾、清洗浴缸等。

看着义父义母每天看看电视，过得轻松舒适，D在心中想"义父义母应该喜欢这样的生活"。可是，义母开始不注意仪容，也不修整边幅，最后病倒了。

义母："我在家妨碍你们了吧？"

D："哪有的事啊。"

义母："实话实说没关系，你们一定在想还是我们死了好！"

类似这样的对话越来越多。

只听老年人说，是大错特错的

有的老年人会说出一些负能量的话语，如"你们是不是想让我早点死啊""邻居太吵，太烦人""教育方法错了"。其实说出这种负能量话语的原因是他们老了。

这些负能量话语让看护者们心凉，他们不知道如何应对。虽然看护者应该经常肯定老年人说的话，可是面对经常说"还是早点死了好"的老年人，顺着回答"是啊"，这肯定是不正确的。

那么，看护者什么也不说默默地听着就可以了吗？看护者不能这么简单处理。即便看护者只是认真地听着，什么也不说，老年人也会露出失望的神情，甚至有时候会指责看护者"你小子，没听我在说什么吗？"

看护者的不阻止且倾听的举动会促使老年人说出更多的负能量话语。

除此之外，还有"你的父（母）亲在寻求帮助，我们却一点儿也帮不上忙，真对不起"等不知所措的表达。一天到晚听到这样负能量的话语，家人也是受不了的。我经常听人说："先别否定别人的话，认真听听别人说什么。"事实上，听着老年人说着消极性的话语，看着无论怎么样，老年人的这种表现也不见收敛,家人的心情很糟糕。如果怀疑老年人得了抑郁症,就应该带着他们去看医生。知道老年人负能量发言增多的原因,知道怎么面对,家人的心情肯定会轻松些。

不让老年人说负能量的话，反而产生反效果

人老了，为别人做事的机会少了，相应的成就感也少了[①]，老年人不但视力、听力在下降，身体不如以前灵活，而且还需要看护者的帮助。

特别是对于现在还是家庭主妇或家庭主要劳动者的老年人来说，他们的自尊心越强，对现状就越不满。如果有人对他们说"工作上的事和家里的事都不用你做了"，开始他们可能还很高兴，但是时间长了总有一种得不到满足的感觉。缺乏满足感的老年人总认为"自己被否定了"。尽管他们知道家人不让他们沾手这些事情是为他们好，他们还是会说"我还是死了好""想早点死"。

万一做"家事"引起"火事"就麻烦了，他们也知道他们做饭慢，可能会耽误大家吃饭，所以很难张口说"我想做点儿家务事"。

在门诊现场，我经常见到老年人自己说"想早点儿死"。

作为家里人，我们不想听到他们说负能量的话，不想听到他们发牢骚。虽然他们也被提醒过不要总是发牢骚抱怨，不要净说些负能量的话，但这反而会产生反效果[②]。

某研究表明，如果对人说"不要想白熊"，人们反而会想起白熊。如果对你说"千万别想白熊的事"，你能不想吗？如果某处写着"别按这个按钮"，想按这个钮才是人的本性。

闲不下来的老年人

那么，家人应该怎么做呢？应该让他们做庭院里危险性小、即使做不好也很难发生损失的家务③。

她是我接触过的一位高龄女性。家里人告诉她："你年纪大了，菜圃的活就别干了。"她刚来看病的时候，还很开朗地说："是啊，上年纪了，不干就不干吧。"但是再见到她时，我发现她低着头，没什么精气神地说："以前还好，能种种菜什么的，现在什么事也没有，觉得还是死了好。"后来，看她的样子，总是不由自主地说"没事吧？"根据她的身体状况和实际情况，我和她的家人聊了聊。再见到她的时候，就听她笑着说："现在又开始做庭院的事了，真够受的，没办法啊！"

老年人的家人都想"只要他们健康地活着……"，所以"不想勉强他们做什么""身体第一"。

一位96岁的日本老人，因为白内障视力衰弱，连电视也看不了，当然更看不了书，虽然他能自己吃饭，但吃的是什么却很难搞清楚。我建议他的家人："还是要给他做手术，治疗白内障的。"他的家人却说："都这么大年纪了，即便看不太清楚也没关系。"所以，这位老人没有做手术，可是病情越来越严重，他都不能自己吃饭了，需要人员监护。本着哪怕有一点改进也好的想法，家人决定为他做手术。手术后他的眼睛能看见了，饭也能自己吃，电视也能看，日常生活变得有趣快乐。

可能你会想，自己的父母只要能活着，就是让人高兴的事情。即便他们看不见、听不见，即便他们不能做任何事，只要他们活着就好。这样的想法很容易理解。

但是高龄者自己又不能说"我想干活啊"，结果是他们想做的事不能做，上了年纪眼睛看不见，耳朵听不见，也没有可干的工作，生活中的刺激越来越少，老年人很容易患上认知障碍症。特别是眼睛和耳朵，年轻的时候人们可能感觉不到它们的重要性，一旦上了年纪，看电视、听收音机、读书、读报、看杂志或者与家庭成员的对话等成了老年人生活的主要娱乐方式后，他们就会切身体会到眼睛和耳朵的重要性。

关于认知障碍症的预防，已经知道有效的是，活动身体，多动脑筋。说起运动，人们容易联想到电视上经常播放的老人院中老人们玩游戏的场景。但是年纪大了，你还想玩游戏吗？实际上，对高龄者来说，他们有他们想做的事情，尽量让他们做自己想做的事情就好，不一定非要玩游戏。

不知道老年人做什么事情好的时候，可以让他们照顾植物，给植物浇水，也可以和植物说说话，这是有效的。以老人院的认知障碍症患者为对象的研究也表明，照顾植物后，老年人减少了说"想回家"的次数或者对他人说粗话的现象，而且他们的认知机能也得到了很好的改善。

为什么这样的做法有效呢？

第一，老年人能活动身体。运水和浇水都是运动。

第二，老年人能在规定的时间做事情，人一天无所事事的时候，很难区别早晚。特别是在照明设备非常发达的现在，晚上也很亮，老年人很难捕捉到生活的节奏。但是通过照顾植物和规定浇水时间，老年人的生活有了节奏，就会张弛有度。

第三，老年人能实际感觉到自己是有用的。特别是照顾植物时，植物在成长，成果很明显，老年人能实际感觉到自己是被需要的。

特别的爱给特别的你——特别关爱丧偶老年人

说实话,和周围传播负能量的人接触多了,自己都有种消沉的感觉。

有亲人离世的老年人应该特别关注。因为他们年纪大了,又经历了伴侣的离世,这个时候他们往往会独自生活,1年以内,特别是6个月以内另一位也离世的概率将会增加40%[④]。

1年以内和新丧偶的老年人保持耐心且频繁的联系是非常必要的。请一定要记住,很多老年人丧偶后患上了抑郁症。

如果丧偶的是男性,就更应该注意。现在知道的是,男性不仅可能患上抑郁症,也容易酗酒,进而酒精中毒的概率可能会上升。

"我父亲一个人生活以后,性格很外向,他肯定没事。"如果这么想你就错了。抑郁容易让人联想到的是每天没精神,低着头走路等。但是老年抑郁症不是这么简单的。老年抑郁症很容易引起老年人焦虑。焦虑症的症状表现往往是焦虑不安、坐立不宁而到处走动,给人留下没有问题的错觉。看护者应该观察老年人是不是有心神不定、坐立不安的情况。

如果得了焦虑症,自杀的概率就会上升[⑤]。说起来,

65岁以上的老年人有15%处于抑郁状态[6]，并且有数据表明，处于抑郁状态的21%的高龄者，也就是5个人当中就有1个人在2年以内离开人世[7]。如果家人不知道，会为"为什么我当时没有帮助处于不安之中的父亲"而后悔一生。老年人丧偶后的1年以内，家人要勤于和独居老人联系，且要耐心细致，这一点务必牢记于心。

高龄者自身老化症状（4）
- 老年人非常在意自己是否还有用。
- 越是辛苦工作过的人，年老后越是感到卑怯。

看护者易犯错误
- 禁止老年人说负能量的话语。
- 觉得老年人"只要能长寿就行"，要求老人安静。
- 不考虑老年人自身的兴趣，觉得让他们玩游戏就行。

看护者须知
- 尽量满足老年人想要做事情的心愿。
- 尽量让老年人做庭院或者对他们没有什么危险的家务，即便他们做错了，也不会产生大的损失。
- 老年人应该适当地活动身体。
- 促使老年人养成固定时间做事情的习惯。
- 让老年人做能够带来成就感的事情。
- 应该定期联系丧偶独居的老年人，特别是丧偶后的这一年内。
- 观察老年人是否有焦虑不安、坐立不宁的状态。

预防措施

● 承担"活动量适宜""低风险""有成就感"的庭院活计等。

改善措施

如果自己出现了上述状况,你可以采取下面的措施。

● 尽量在不给看护者带来麻烦的情况下,享受爱好所带来的乐趣。

⊜ 老年人经常让人困惑的行为之五：
经常在做好的菜中放大量的调味品

E回到娘家想帮父母好好做顿饭，因为父母都很喜欢吃日式饭菜，所以她就做了几个菜，有"白萝卜叶和鱼板焖饭""慢炖鲫鱼和白萝卜""白菜和炸豆皮的酱汤汁""凉拌胡萝卜和羊栖菜""醋拌红花海苔"。平常，E的父母都是吃"慢炖鲫鱼和白萝卜"和"酱汤汁"两个菜的。E嘴上说"马马虎虎做了几个菜，请二老尝尝"，实际上，她还是很想听到父母说"做了这么多菜，太好吃了"等表扬的话，对菜的味道她是自信满满的。

但是父亲只轻轻尝了一口，就往"慢炖鲫鱼和白萝卜""白菜和炸豆皮的酱汤汁"里倒了很多酱油。"哎！"E张口结舌说不出话来。"他爸，你……"妈妈看着有点不好意思，就对E说："我觉得还行，挺好的啊，谢谢啊！"听到妈妈这样说，E更是不知说什么好了。

"淡了。"爸爸一边说着一边吃起了米饭。"味道，淡了？"E一边想着一边自己又尝了一口菜，"一点儿也不淡啊，爸爸，你有高血压，不能吃太咸的，您打算让我们怎么办？""唉，你也不容易，这个那个做了不少。"父亲虽然这样说，但是他连凉拌菜尝都没尝，不管三七二十一地就把酱油浇到女儿精心准备的饭菜上。

酸、甜、苦、咸、鲜，全都不是"味"

味觉随着年龄的增长而变化。少年时代你喜欢吃的食物，学生时代喜欢吃的食物，现在喜欢吃的食物，不都是逐渐变化的吗？我以前喜欢吃肥肉，现在更喜欢吃鱼。

而是，随着年龄的增长，老年人的味觉越来越迟钝，即使品尝和以前同样的食物，老年人也品尝不出美味。与年轻时相比，人过55岁，味觉差就会有3倍[1]，是不是有"人变老了，味觉也变得反常了"这样的印象呢？那么你能断定你的味觉正常吗？因为味觉的变化很难觉察到，所以很多老年人不会发觉自己的味觉已经变弱。

如果老年人自己做饭，能觉察到自己是否患有味觉障碍症。因为自己做好并品尝后的饭菜，家人吃了就会说"你的味觉不正常"。而不做饭的人，即使味觉变了，自己也很难发现。他们吃了咸淡适当的菜会说"这菜不好吃啊"。

患有味觉障碍症的人会越来越喜欢重口味的饭菜，喜欢吃过咸的食物，故其容易患上高血压和糖尿病。

现在已经知道的是，心脏不好的人，味觉会变弱，对盐分的感觉也会迟钝[2]。人的味觉包括"甜""酸""苦""咸"

和"鲜"5种，人通过舌头上的细胞味蕾感知这些味道，味蕾每天都在新生。

为什么人老了，味觉会变得越来越迟钝呢？原因之一是味蕾的新生变缓③。老味蕾的感知度减弱，对味道的感觉就会迟钝。第二个原因是随着年龄的增长，老年人吃的药增多了，味觉可能会迟钝④。这里的药不是什么特殊的药物，治疗高血压、高血脂、糖尿病等的普通药物也会降低味觉的敏感度。

喝药时感到"药的味道有点不对"的时候，要主动告诉医生这一情况，听从医生的建议，自己不能随意停止用药。

那么，与年轻时相比，5种味道需要加大几倍，高龄者才能感觉到呢？假设年轻时的味觉为1，咸味受年龄影响的程度最为明显，最不受影响的是甜味，也就是说，甜的食物比年轻时甜2.7倍，高龄者就能品尝出甜味。苦味是7倍，酸味是4.3倍，鲜味是5倍⑤。也许你会想"会有那么大的差别吗？"咸味要达到年轻时的11.6倍，接近12倍，高龄者才能品尝出年轻时品尝到的咸味。

所以，老年人容易吃盐分高的食物，即使家人怎么强调"控制盐分"，他们也听不进去，你买回来了"减盐酱油"，他们却总是要用以前的酱油。

调节酸味、器具、照明等，控制盐的摄入量

下面将介绍几个控制老年人盐分摄入量的方法。

使用盐以外的调味品，例如，选择相对"咸味"来说受年龄影响小的鲜味，可以用含有鲜味的调味品来代替盐，因为鲜味是咸味的2倍，即便是高龄者也能感觉到。多用汤汁做饭（译者注：日本人用鲣鱼、海带、小杂鱼干、香菇干等煮成的汤汁，广泛用于汤菜或炖菜中），高龄者不仅可以控制盐的摄入量，而且还能品尝到和盐一样感觉的味道，根据厚生劳动省（译者注：日本负责医疗卫生和社会保障的主要部门）的数据，一天摄取10毫克以上盐分的地区是日本的东北、关东、北陆和东海等地[6]。

据说，医院经常会听到患者反应"医院的饭菜有点淡"，如果你住过院，一定也会认为医院的菜是有点淡。医院的饭菜是在对病患健康有益的前提下，搭配营养素和盐。我也在医院吃过饭，觉得饭菜应该做的更有滋味才是。

为了改善味觉衰弱，采取多样化的调味方式是有效的[7]。少盐的饭菜准备得太多，光吃这些往往满足不了老年人口欲的需要，反而可能导致老年人产生自暴自弃的想法，"与其这样忍着多活几年还不如少活几年也要吃想吃的食物"。

所有的饭菜都做得比较淡对老年人来说太残忍，与其这样，不如一部分饭菜做得口味淡一些，这样给人一种多样化的感觉。如此一来，同样的盐分也会有比平常盐分多的感觉。人老了，往往每天吃的饭菜变化不大，不在味道的多元化上下功夫，有种吃什么都如此的感觉，但是在咸淡上下点功夫就会有不一样的感受。

要想感觉到饭菜的香味，就要多分泌唾液，唾液能帮助人品尝出口中食物的美味，通过舌头感觉到口味的变化。酸味对于唾液的产生是非常有效的，如果想到酸味或者品尝到酸味，唾液就会产生，因此，看护者应该像使用鲜味一样好好利用酸味。

说起味道，不仅味觉重要，嗅觉和视觉也很重要。

吃松茸饭，会被形容成是在品尝松茸的香味。咖啡也是，现磨咖啡的香味会让人感到咖啡更好喝。小的时候，我不喜欢吃青椒，直到现在还是这样。捏着鼻子吃的话，因为感受不到青椒的任何味道，所以才会勉强吃一点。正是因为这样，嗅觉对味觉也是很有影响的。

视觉对味觉的影响也是非常重要的，多彩的饭菜会让人感到食物更可口[8]。不知你是否注意到高档餐厅和超市都会采用和家里不一样的照明设备。家中和工作场所的照明灯大多都发出白光，白光能让整个房间都明亮。

但是在黄色灯光下，食物看起来更美味。因为看着美味诱人而购买的副食品和熟食,回家一看会发现"哎,怎么和商场中看到的不一样啊",那是因为商场灯光让这些食物看起来更美味。

另外,为了让食物有可口的感觉,还要在餐具上下功夫[9],比如,白色的米饭盛在黑色的碗里给人一种充实的印象,留下这米饭很好吃的感觉。反过来,颜色较重的肉类食物盛放在白色餐具中能显示出美食的存在感,会增进就餐者的食欲。

牛肉和鸡蛋可以补充锌元素，锻炼人的味觉

应该怎样做，才能做到即使上了年纪味觉也不会变弱呢？对味觉最重要的营养素是锌元素。

现在已经知道的是，锌元素不足会使味觉变差。实际上，日本人每天锌元素的摄取量都在减少。根据国民健康营养调查报告，平成13年（2001年），日本人每天锌元素的摄取量是8.5毫克，平成27年（2015年），日本人每天锌元素的摄取量是8毫克[10]，锌元素的日摄取量是在慢慢减少的。

更糟糕的是，现代人不仅锌元素的摄取量在减少，而且还将锌元素排出体外，这是因为人们过多地食用商场和便利店中出售的加工食品，其中含有叫作黏液酸和多聚磷酸钠的食品添加剂。加工食品不仅食用方便，而且味道好，但请不要忘记它们会使你的味觉变弱[11]。

那么，什么食材里含有比较多的锌元素呢？牡蛎、螃蟹、牛肉、肝、鸡蛋和芝士等都是富含锌元素的食品。就肉类而言，比起猪肉和鸡肉，牛肉含有更多的锌元素。人们经常食用的是鸡蛋和牛肉。如果是牛的大腿肉，人们只要食用薄薄的两片（100克），就能摄取7.5毫克的锌元素[12]。每天必需的锌元素的摄取量，男性是9~10毫克，女性是7~8毫克，如果再食用适量的鸡蛋和芝士，是足以

满足人体一天所需的锌元素量[13]。

饭菜的味道变化可以起到增强味觉的作用。老年人每天吃口味重的饭菜，就很难感觉到味道的好坏，会使味觉钝化。咸淡搭配，会让人感受到味道……所以某日的酱汤清淡点或者少使用酱汁，反而能够锻炼老年人的味觉，即使放的盐少，饭菜也是有滋有味的。

使用盐分测定仪测定食物中实际的盐分浓度，然后和自己的感觉比较，这样也能锻炼自己的味觉。有研究表明，日本10%患有味痴的人，美国30%患有味痴的人，经过锻炼能够恢复自己的味觉[14]。

戴假牙的老年人也要注意，虽然味道主要是由舌头感知，但是舌头以外的地方也能感觉到味道。现在知道的是，老年人戴假牙，特别是满口假牙，会使味觉变迟钝[15]。

假牙的材质不同，品尝到的味道也会不同。树脂材质的假牙，虽然看起来自然，但是会降低人们的味觉[16]。味觉感知迟钝的人，可使用金属假牙。

虽然都是金属的，但是叫"TORUTELILTUSYU"的假牙（译者注：是由肉眼看不见的小孔，非常薄的合金板制成的假牙）容易使老年人感知到味道[17]。这种假牙为了让人容易感知到味道，开了很多微小的孔，不容易清洗干净，需要借用超声波清洗。假牙有多种选择，你可以根据自己的实际情况咨询牙科医生。

如果口腔中的假牙是金牙、银牙等金属材质的假牙，会在口腔中产生一种"加尔瓦尼电流"，导致口腔异味，老年人应该重点关注。

另外，如果假牙不合适，也会减弱味觉[18]。建议老年人检查假牙的合适度。

高龄者自身老化症状（5）
- 随着年龄的增长，老年人的味觉会下降，盐分要求是年轻时的12倍。
- 老年人经常吃药会导致味觉下降。

看护者易犯错误
- 听从老年人的要求增加盐分，容易加重他们的高血压。
- 为照顾老年人的口味，加大调味品的使用量。

看护者须知
- 一部分饭菜的味道淡一些，可以增加饭菜味道的多样性。
- 用鲜味、酸味等代替咸味。
- 用能增加食欲的餐具盛放饭菜。
- 改换餐厅灯光的颜色。
- 尽量控制加工食品的食用。
- 咨询医生老年人服用的药物对味觉是否有影响。

预防措施

● 为了摄取锌元素，老年人多吃牛肉、鸡蛋、芝士和螃蟹等。

改善措施

如果你出现了上述情况，可采取下面的措施。

● 如果戴假牙，需要检查假牙的材质。
● 检查假牙的适合度。

⊜ 老年人经常让人困惑的行为之六：
老年人话少，难亲近，一旦他人认真询问，反而闭口不语

F的父亲，以前非常和蔼，也很爱说话，但是最近明显话少了，甚至让人感觉他很难亲近。

F："爸爸，最近去医院看内科了吗？"

F的父亲："嗯。"

F："医生说什么了？"

F的父亲："没说什么。"

最近，F的父亲一直是这种状态，据说和母亲的对话也少，致使母亲不得不考虑将来应该怎么和父亲生活？F还是希望父母能相濡以沫，白头到老。但是像现在这样没有交流的生活，对母亲来说也不合适。

F的母亲："他爸，晚饭怎么样？"

F的父亲："啊，啊。"

F的母亲："今天我去购物，中途下起了雨，真是不走运。他爸，你呢？"

F的父亲："没什么特别的。"

像这样的会话，母亲想得多点儿也是正常的。

话少→难接近→被孤立→毁灭之路

年纪大了，有的老年人变得寡言少语，难以伺候。但是，这不是因为性格变了，实际上是因为说话不再像以前那么方便出声，老年人有一种说着说着就会累的感觉。

老年人一直以平常的语调说话，感到很不舒服，话也就越来越少。结果是，看护者认为"老年人有点怪"，不愿上前陪老年人说话。因此，老年人越来越孤僻，心情越来越不顺畅，也变得忧郁了。

不仅要关注话少的老年人，话多的老年人也应该关注。有位来门诊看病的老年妇女，非常能说，我就亲自去看了看。实际上，她自己都承认话说多了很累。如果家人不知道这些，误认为他们喜欢说话，长时间和他们交谈，会使他们有种"和人见面很累"的感觉。

为什么年纪大了，发声会累呢？这里面有两个原因。

第一个原因，老年人发声的声带变弱，就像身体的肌肉衰弱一样，声带也会随着年龄增长而衰弱，这样发声就会越来越困难。

第二个原因，发声时所需要的肌肉在衰弱，人们往往会误认为发声需要喉咙的肌肉，其实不是这样，人们经常说从腹部发声，实际上，人们是利用腹部和胸部的筋肉，从口腔吐出气息来发声的。所以，歌手、音乐家等上台演出的人，需要锻炼身体。

男人发声困难是女人的2倍以上

发声衰弱更容易发生在男性身上。随着年龄的增长，声带开始萎缩，据说男性声带萎缩的概率大约超过67%，女性大约超过26%[1]。也就是说，男性发生发声困难的概率是女性的2倍以上。

男性当中，有因为吸烟而使喉咙变坏的人。还有因为突然不使用喉咙而萎缩的，被叫作"弃用性萎缩"，也会引起声带衰弱。工作的时候，丈夫每天都在说话，退休回家后只是和妻子偶尔说说话，这也是"弃用性萎缩"的原因。

身体的肌肉会因为住院或者活动变少而变弱。小时候，因为骨折，我的一只手绑上绷带，愈合后，取下石膏绷带，自己都吃惊手腕变得那么细，手腕不使用，手腕肌肉就会变弱。

声带也是一样，不用就会衰弱。退休的老年人没有说话对象，很少出声，所以发声肌肉也就衰弱了，肌肉衰弱导致说话更少了。

另一方面，过度使用声带也会出现问题。演讲家、歌手、老师和电话客服等频繁使用声带，其声带衰弱的可能性是普通人的2倍[2][3]。

综上所述，我们可以得出这样的结论："声带不用不行，多用也不行"。这里要表达的是过多使用声带不好，过少使用也不好，保持日常对话的程度就好。

你可能会想"老年人说话声音小或者沉默寡言也没太大关系"。但是不容忽视的是，和他人的交流减少，老年人容易陷入"猫在家里"的状况（译者注：长期闭门不出，拒绝接触他人和社会的生活状态）。和人相见不能愉快地对话，感觉对不起人而不和人相见，这很可能引发抑郁症。有的老年人连自己感兴趣的K歌，或者和朋友们的交流聚会也不参加了。

发声练习小妙招：从1数到10

那么，老年人的实际发声状况要怎么检查呢？发声状况的检查方法就是看看老年人所能持续的最长发声时间。发"啊"的声音，看看老年人能持续多长时间，平均时间是20~30秒，如果男性持续不到15秒，女性持续不到10秒，那么就可以认为其发声能力在下降[④]。

确认家中老人的发声状况，特别是当双亲之间的对话减少时，可能不是双方的感情出现了裂痕，而是他们的声带衰弱了。如果对话减少成为心灵沟通的障碍，进而导致离婚是多么可悲的事情。

要想保持声音不变弱，就要进行发声训练。已经被认可的是，接受发声训练后，80%的人的发声状况得到改善[⑤]。认真坚持发声练习的老年人，不仅能够发声，而且声音质量有所好转。

向大家推荐的方法是，每天从1数到10，把这10个数字读出声来，就和幼儿读数字一样。通过这样的发声练习，达到大声、小声都可以很容易发声的程度。有报告指出，声门处有缝隙的人，进行此练习，不仅可以治愈声门处的缝隙，而且发现此练习还可以预防肺炎[⑥]。

经常发声说话的人，要知道正确的发音方式，这样可以减轻说话过多对喉咙造成的伤害。

睡觉的时候，如果口腔干燥，应该提高室内的湿度。如果打呼噜，那么应该侧睡或者采取必要的、适当的治疗。

不要只在喉咙不太舒服的时候才采取临时措施，日常就应该注意养护喉咙。

日常勤喝水是非常重要的。大家看到，演讲现场的主席台上总会放着水，这是因为摄取水分能起到放松喉咙的作用。如果可能，日常常备温水是比较合适的。

说话时，自然地靠近说话声音小的老年人

面对说话声音小或者大声说话困难的老年人，看护者应该怎么做呢？

如果听不清老年人在说什么，不要反反复复地询问"嗯，什么？"如此一来，老年人就不想再说话了。

在门诊也是，护士问患者："有过敏反应吗？"当患者小声回答"过敏……"时，护士通常会反问"什么？"甚至语气是不耐烦的，对此患者通常很反感，往往会敷衍地回答"没有"。

实际上，靠前一步倾身细听就会听清老年人所说的话，如果是在通电话，应该调高电话的音量。习惯和高龄者接触的医护人员，在这种情况下，他们会不自觉地缩短和老年人的说话距离。在我的门诊，椅子是可以随意移动的，如果患者的话听不清楚的时候，我也不用起身，坐着就可以很自然地靠近患者，听清楚他们的话。

缩短和会话者的距离，相当于增加23%的音量[①]。距离近也表示了"我在认真地听你说话啊"，对方会更容易地敞开心扉。

相反的，医护人员一边工作一边听，会给患者留下"是不是没有认真听我说话"的印象，所以，医护人员应该停止工作好好倾听他们在说什么。

确实，认认真真地听不是一件容易的事情。实际上，在医疗现场，医生一边记录病例一边听患者说话，患者会认为"医生没有听我说话"，那么，他们会停下不说话了。此时，我通常会放下笔，看着患者，那些停止讲话的人会继续说起来。

高龄者自身老化症状（6）

- 老年人不爱说话，不是性格变了，是发声越来越困难。
- 寡言少语的男人是女人的2倍以上。
- 因为没人搭话，感到寂寞，心扉打不开而变得寡言少语的老年人也在增多。
- 声带和其他发声的肌肉也在衰弱。

看护者易犯错误

- 反反复复地询问老年人"什么？"
- 忽视寡言少语的老年人。
- 对爱说话的老年人，主动搭话，一旦说起来就没完没了。

看护者须知

- 听老年人说话时，自然地靠近他们。
- 接听老年人电话的时候，调高电话的音量。
- 先放下手头工作，认真倾听老年人说话。
- 测测老年人能连续发声"啊"的时长。

预防措施

- 控制吸烟。
- 睡觉的时候为了防止口干舌燥，戴上口罩，或者使用加湿器。
- 如果打呼噜，最好侧睡。
- 要勤喝水，补充水分。
- 夫妇间要多多交流。
- 找一位能和自己聊天的人。
- 多去能发声的场所，如唱吧。

改善措施

- 如果自己发声困难，练习数数，从1数到10。

四 老年人经常让人困惑的行为之七："这个""那个"异常多，让人不明白他们在说什么

G 的父亲在她小的时候，就总是"哎""哎"（译者注："お前"是日语中"你"比较粗鲁的用法）地叫她。这次，G 回娘家，父亲对她说"哎，那个，拿过来"。

"难道我没有名字吗？" G 从小就这么想，非常讨厌父亲这么称呼她。

但是没有办法，她还是笑着拿起了酱油递过去，"不是，那边的，那个啊。"哦，想起来了，父亲吃油炸土豆馅饼的时候，要浇上酱汁，G 又把酱汁递给了父亲。

接着父亲又说："你从小就不机灵，晚饭的时候不是应该喝啤酒吗？"

"刚给你拿了酱汁，谁知道晚饭一定要喝啤酒，我连酒也该给你准备好吗？难道不该说句'我想喝啤酒吗？'为什么不说呢？" G 一边想一边把啤酒拿过来。

然后父亲又说："那，丫头，那件事，后来怎么样了？"

G 不确定"那件事"是指儿子学校的事，还是指家里的事？就若无其事地回问了一句"那件事是哪件事？"

于是乎，父亲大喊："那件事就是那件事啊。"G说："发什么脾气？你说的那件事，我不知道啊，到底那件事是哪件事呢？"G想"父亲真是太娇情了！"

"哎""这个""那个"听起来确实不舒服。对话中多出现类似的词语，不仅影响沟通效果，而且可能使双方吵起来。其实，女儿没有必要那么生气，偶尔回趟娘家的女儿看到双亲，不是应该更高兴吗？

吃完饭，母亲悄悄在G的耳旁说："最近，你爸爸经常说'这个''那个'，究竟想要做什么我也不知道，和以前相比他更容易发火了。"

老年人不是所有的记忆力都下降

"把那个这样""把这个那样""像这样"……老年人不用具体词语表述的情形是不是在增加?随着年龄的增长,关于物品名称的记忆变得模糊不清。另外,和年轻人相比,老年人话语的长度也变成了2倍[1]。"有个演员,头发有点薄,以前传过他出轨,出演过那个电视剧"像这样不能准确回忆起以前的事情。

"这个""那个"增多不仅仅是因为记忆力下降,也是因为老年人记忆了太多的内容。这不能说明是老年人的脑子出现了问题。确实,老年人记忆物品名称的能力不如以前,但是他们生活得时间长,记忆量大,判断事物的能力自然也就强,这已经得到证实[2]。

不管是谁,小的时候只是知道自己的母亲和父亲,后来慢慢地记住了同学的名字,然后进入职场,会接触到同事、客户,或者经常出现在媒体上的人、业界有名的人,以及不怎么见面的亲戚等,最终成为老年人。他们接触到的名字非常多,不可能全部都记住。只是人名就是这样,更不用说物品的名称了。老年人记过很多人的名字,可是不容易说出来。

当老年人说"把那个,买回来啊",别人回了一句"好啊,买什么?"然后老年人说"那个,就是阳台上,挂在花上的，叫什么来着？"实际上，老年人是想说买"植物液体肥料"，明确知道要买什么物品却记不住其名称，这仅仅是健忘，不要太在意，健忘和年龄没有关系。

另一方面，如果老年人很生气地说："那个就是那个，别絮絮叨叨，问个不停。"这样的情况就很有问题，这可能是认知障碍症的前兆[3]。

他们生气的是自己也不知道"那个"究竟指的是什么，并且还讨厌让人指出来。

你的问题被老年人"应付"了吗

你可能这么想"我特别认真地想和他们说说话,可他们却发火了,为什么呢?"他们是因为"防卫反应"而发火的。不管是谁,都不能接受自己不是忘了这个就是忘了那个的,所以和别人说话时,老年人很可能为了对话顺畅而在"应付"。这是经常发生的事情,甚至都有了"应付反应"或者"防卫反应"这样的名词[4]。

这绝对不是老年人因为自己不知道或者不懂而故意"应付",而是无意识的掩饰,因为"这个""那个"的增加,无意义的对话可以继续下去。在门诊现场这样的情况很多。

平松:"最近,去看过内科了?"

高龄者:"最近,年龄越来越大了。"

平松:"是吗?年龄大了各种事情也就多了,让您久等了,午饭吃了吗?"

高龄者:"最近,吃点就觉得饱了。"

平松:"哦,吃得不多是吧?对了,吃药了吗?"

高龄者:"啊啊,那个没关系。"

这样的对话表面看起来没有什么问题。实际上,是否去看过内科,高龄者早就忘了,甚至连是否吃过午饭也忘了。这是无意识的、无恶意的"应付"。

有时候，医生会抱怨"说那个，那个谁明白？说清楚点啊！""什么时候都是这么含含糊糊的？谁知道什么意思啊！""连自己都不知道到底去没去内科，可怎么办啊？""是自己记不住吃没吃午饭吧！"他们这样说，是因为他们想确切知道高龄者到底怎么样了，他们的心情是可以理解的。

但是，看护者责备老年人，会使他们陷入混乱中，抑郁地不愿意再说话，就连好不容易兴起的"应付"对话的心情也没了。"错了就要指出来"听起来是正确的，但是逼着对方讲清楚的做法还是应该停止的。

家人或看护者能做的是，当老年人口中的"这个""那个"增多时，应该确认"这个""那个"具体指的是什么，看看指出"这个""那个"时老年人会不会发火。首先应该这样问"那个，指的是什么呢？"

如果老人生气地说："烦死人，那个就是那个啊！"，看护者或家人就不应该再追问"这个""那个"具体是什么了，而应该婉转地问问他们是否忘记什么东西了，或者不经意地问问"对了，今天是几月几号呢？"这样，可以转移对方的注意力，避免他们因为忘记东西而伤心。

另一方面，老年人是否在"应付对话"，是很难觉察的。老年人会给对方留下一种印象——他们是在进行平常而又诚实的对话。我实际感觉到的是,"应付对话"的老年人基本上都是非常好的人,和我说话的时候都尽量附和我的话语,使我都怀疑"他们真的是在'应付'对话吗?"因为家人不愿意认为老人已经失去记忆,所以更难察觉到"应付对话"的行为。

但是,如果知道存在"应付对话",看护者是否能觉察到身边的老年人"是不是在应付会话"?

"忘记了重要的事情很麻烦""忘记了喝没喝药的事很严重",类似事情发生时,看护者应该怎么办呢?在医疗监护现场,到底喝没喝药很重要,所以护士、看护人员、家人不停逼问老年人的心情可以理解,但是逼问的结果是"喝了"或者"没喝",对老年人这样的回答,能够相信吗?

不理解老年人的护士或医生、不了解现场情况的管理者,以及什么事情都不做的亲戚,他们会随意地说"不逼问怎么行呢?"但是对老年人来说,这是无理要求,是不可能的(逼问也没有什么用处)。看护者不应一味追问,可以采取其他方法了解情况,如根据老年人的行为类推,看看用什么样的方法管理药品,避免以后发生类似的事情。

老年人一边散步一边说话，可以促进大脑的活性化

为了减缓自身记忆力的衰退，避免患上认知障碍症，老年人应该怎么做呢？

有个研究叫作"研究什么"（NAN SUTADELI），在饮食和生活环境几乎相同的前提下，调查了认知障碍症患者和非认知障碍症患者的区别。结果是，在现在老年人的生活和活动基本一样的条件下，年轻时他们所写文章的复杂程度和年老后认知障碍症的发病率相关[5]。当然这可以作为一种应对策略，在四五十岁的时候开始写文章。

虽然如此，但是写文章确实有点麻烦。没有关系，还有一种方式也能带来相似的效果，读书可以降低认知障碍症发病率的35%。也就是，现在你在做的（也就是在读这本书）对于预防认知障碍症是有效的[6]。

另外，曾对10079人做过研究，得出的结论是，做复杂的事情对于预防认知障碍症是有效的[7]。处理家庭内部或者邻里间的一些麻烦的事情，特别是参与人际关系复杂的事情中，认知障碍症的发病率将会减少20%。虽然人际关系处理起来很复杂，但是想到"可以预防认知障碍症"，人们就应该积极参与其中。

现在已经知道的是，如果老年人怀有一颗好奇的心，那么认知障碍症的发病率就会降低，记忆力减退的概率也会降低32%[8]。换一换以前习惯看的电视节目，变一变以前习惯走的路线，这些微小的变化都和认知障碍症的预防相关联。

老年人一边和家人散步一边说话也可有效预防认知障碍症。同时做两件以上的事情，可以锻炼自己的认知机能[9]。

独居的老年人远离家人，经常想着"给家人打个电话"，结果不是忘了，就是有其他的事情，很难和家人联系，更不用说一边和家人散步一边说话了。这时候，定一个规律性的约定比较好，如每周六和家人一起散步吃饭。

在双方距离太远，见一次面很不容易的情况下，老年人可以一边走路一边用手机和家人聊家常。定期联系家人，不仅家人可以了解到老年人的近况，如是否病了，有没有什么事情发生，是否有认知障碍症的症状等，而且对老年人来说，这样的联系还会预防认知障碍症。

高龄者自身老化症状（7）

- 老年人被追问"这个""那个"是什么，反倒紧闭心门。
- 有的事情，老年人就容易记住，有的就容易忘掉。
- 为了对话进行下去，老年人也会应付对话。

看护者易犯错误

- 追问或者逼问老年人"这个""那个"到底是什么。

看护者须知

- 不责备老年人，不急着听结论，先听老年人慢慢说。
- 知道老年人可能会"应付对话"。

预防措施

- 读书。
- 写文章。
- 做复杂的事情。

改善措施

如果你出现了记忆力衰退的现象,可以采取下面的措施。

- 看一看(听一听)平常不看(听)的节目。
- 走一走平常不走的路线。
- 一边和家人散步一边说话。

第三章 让周围的人非常困惑的行为

● 老年人经常让人困惑的行为之八：
   变成红灯了，还在慢条斯理地过马路

"安全驾驶很重要。"H 这样想着，开车就格外小心，但是后面的车追赶地越来越近。

在交叉路口，H 要右转，后面的车好像也要右转。但是对面来的车很多，H 只能等着，右边人行横道上一位老奶奶正一步一步地走着，"怎么也要等老人家过去了才能右转。"H 这样想着，后面的车等不及地又向前逼近了。

终于等到对面的车走完了，人行信号灯也变红了，H 刚要右转，发现人行横道上的老人家还没走过去，自己不走不要紧，但是挡了其他车，催促的"滴滴"声此起彼伏，"可老人家还没通过人行横道，我还不能发动车……老人家，信号灯都变红了，希望您能走快点。"H 心里催促着，可老人家依旧慢慢地走着。

H 正准备右转弯，就见其他老人家开始通过信号灯已经变成红色的人行横道。

日本的信号灯通行时长短，部分老年人过人行道困难

在美国，步行者在绿色信号灯状态进入人行横道，信号灯闪烁时长是按行人完全通过设定的。在英国，感知器感知到人行横道无人通行时，人行横道的信号灯才变成红灯，这是非常安全的。日本人行横道的绿色信号灯时长，是按行人跑步过去（或返回）的时间设定的，所以这对老年人来说非常不便。

绿色信号灯的时长，大概是按一秒一米的速度设定的[①]，但是85岁以上的男性，每秒只能走0.7米，女性则只能走0.6米，也就是说一秒走不了一米[②]。步幅小是其中的一个原因[③]，加大步幅是能提高行走速度，但是身体上下运动变大，老年人走不稳，容易摔跤。因此，听到有人对老年人大喊"磨蹭什么呢""赶快走啊"，觉得他们很可怜。

老年人要尽可能做到，红灯刚变成绿灯时就准备过人行横道，这样能提高他们绿灯期间通过人行横道的概率。

一秒能走多远？要确认好。实际上，过一次人行横道就会知道。人行横道的白线宽度大概在45~50厘米，白线间的间隔也在45~50厘米，所以一组白线和间隔，大概有一米。

也就是说，如果老年人一秒中能走过这一组，那就没有什么问题，如果一秒钟走不过去的话，过人行横道时，那就要注意安全。

超简单！练习下蹲或借助老年车，老年人可加快步速

想一秒一米不间断地走，老年人需要锻炼腿部肌肉，下蹲练习是个好方法。那么下蹲练习要怎么做呢？想象一下，就像森光子（译者注：多年来在电视剧、电影、舞台剧中取得杰出的成就，是深受日本人喜欢的女演员之一）在做下蹲一样，不要求像安东尼奥·猪木（译者注：日本著名的职业摔角选手及综合格斗家，已退役）那样标准地下蹲，简单做一下就行。

具体的做法是，两腿张开30度左右，然后坐在椅子上，将手放在桌子上，站起来④，坐下去，这样重复5~6次。简单地说，就是重复从椅子上站起来的动作。如果单纯地做下蹲运动，会有受不了的感觉，但是如果做从椅子上站起来的动作，是不是就容易很多呢？

如果老年人连简单的下蹲动作也做不了，那么可以借助老年车过马路。很多老年人都是推着老年车走路的。老年车不仅可以盛东西，还可以当座椅。有的老年人就连在椅子上坐下都是需要些时间的，但是借助老年车移动起来却是相当轻快的。

有研究表明，和正常走路或者借助拐杖走路的老年人比起来，借助老年车走路的老年人速度能快18%⑤，能快速移动的原因是老年人利用老年车可以稳定重心，还有就是老年车有车轮，减少了能量消耗。

发生交通事故时，个子矮的老年人的脏器易受损

随着年龄的增长，交通事故带来的损伤会越来越严重，这不仅和老年人的身体衰弱有关，还和他们的身高有关系。

因为有些老年人个子矮，司机难以注意到，所以个子矮的老年人发生交通事故的概率会增大。人体的骨盆保护着重要的脏器，所以骨盆骨折等事故可能是关乎性命的大事故。

普通车（三厢轿车）车体不高，要是老年人个子高，被汽车撞到腿，易引起腿部骨折，但是骨盆受伤是少有发生的。个子矮的老年人，就是普通车也容易伤其腰部，导致重症的可能性也会增大。

根据劳动厚生省的"厚生统计要览（平成28年）"（2016年）[6]，30~40岁日本男性的平均身高为171.5厘米，日本女性为158.3厘米，而男性老年人的平均身高是161.9厘米，女性是148.3厘米。

老年人看不见信号灯

你知道过马路时高龄者看着哪儿吗？高龄者一般不看信号灯，为了不摔倒，他们一直看着脚下，并且还弯着腰，所以抬头看信号灯对他们来说是一件很辛苦的事情，不停下来直起腰是很难看到信号灯的。

老年人眼睑下垂，可视范围的上面部分不太容易看清，自然也就看不见信号灯[7]。从远处看，他们还能看见信号灯，到了近处反而看不见，如果眼睑不下垂的话，上面的能见度是45度以上。

年纪大了，眼睑下垂，老年人的能见视野越来越小，如果想看到位置在上方30度角的信号灯，距离小于7米他们是看不到的，如果角度是20度，那么老年人就要在10.5米以外才能看到[8][9]。所以，在比较窄的交叉路口，因为和信号灯的距离近，老年人往往注意不到红色信号灯。

如果家中老年人不再往平常用的碗盘上面放东西了，应该怀疑老人的眼睑是否下垂，将老人的眼睑向上抬一下，如果眼睑下垂的话，他们会激动地说："啊，怎么突然看清楚了。"眼睑下垂不仅视野变小，看不清东西，而且还会导致肩膀酸疼和疲劳。眼睑下垂是可以治疗的，很多眼睑下垂的患者做了手术后都会说："眼睛睁开了,看得也清楚了。"

当然,眼睑下垂不仅导致老年人过马路看不到信号灯,而且驾驶汽车时也会发生这样的状况[18]。如果老年人不及时治疗眼睑下垂,很可能发生无视红色信号灯直接撞过去的事情。

隐形眼镜和化妆是眼睑下垂的主要原因

预防眼睑下垂是非常重要的。戴隐形眼镜的人容易眼睑下垂,特别是戴硬式隐形眼镜的人,眼睑更容易下垂,因此要避免长时间佩戴隐形眼镜。

因为眼睛发痒而反复揉眼睛,容易导致眼睑下垂。女性卸妆时,用手来回搓眼皮还会造成眼睑下垂。眼睫毛美容加重眼睑,也能造成眼睑下垂。所以,女性尽量避免眼睫毛美容,卸妆时不要反复揉搓眼睛,顺其自然可防止眼睑下垂。

定期做做眼睑上卷运动,可有效预防眼睑下垂。双眼一下子闭紧,然后突然睁大,这样对防止眼睑下垂很有效,一天做10次。

解决眼睑下垂的根本办法是做手术。切掉多余的眼睑后,上部的视野就清晰了。这种手术在眼科和整形外科都可以做,但首先还是咨询眼科医生较好。

高龄者自身老化症状（8）

- 有些老年人，特别是女性，在绿灯期间内通过人行横道很困难。
- 为了防止摔倒，老年人只注意脚下，几乎不看信号灯。
- 因为眼睑下垂，老年人看不到上方的信号灯。
- 老年人不直起身来很难看见信号灯。
- 个子矮的老年人遭遇交通事故时，骨盆内的脏器容易受损。

看护者易犯错误

- 易催促老年人"别磨磨唧唧、慢慢悠悠地，赶快走啊。"
- 没有注意到老年人完全无视周围的情况，甚至不管信号灯是红还是绿。
- 老人们是不是在想"不管是不是红灯，不管有没有人行横道，只要他们一过马路，别人都要停下来让他们？"

看护者须知

- 请确认，人行横道的一组白线和间隔的长度是否小于1米，老年人是否能1秒走完。

- 个子矮的老年人过马路，司机不太容易看到。

预防措施
- 不要长时间佩戴隐形眼镜，特别是硬式隐形眼镜。
- 做眼部运动——紧闭双眼，突然睁开，一天做10次。
- 尽量不做眼睫毛美容。
- 卸眼妆时要轻卸、轻洗。
- 做下蹲运动，锻炼腿部肌肉。

改善措施

如果你已出现上述情况，可以采取以下措施。
- 通过人行横道时，要等信号灯变绿时再通过。
- 借助老年车，提高行走速度。
- 坐在椅子上，把手放到桌子上，站起来，坐下去，做简单的下蹲运动。
- 做手术，治疗眼睑下垂。

⊜ 老年人经常让人困惑的行为之九：口气不好，一般都口臭

I的妈妈年轻的时候很活泼，每天都化妆，也很注意仪容，兴趣是跳呼啦舞。最近，舞跳得越来越好，因为下个月她就要参加呼啦舞比赛，所以勤于练习。

I的妈妈曾问一起练习的同事："你说这个姿势是不是有点难？"同事好像有点应付地、不太愉快地说："是啊。"说完后就离开了。I的妈妈和练舞同事的交流越来越少，她自己也担心，反思"自己难道做了什么不该做的事情吗？"

不仅如此，她还感觉到最近孙子对自己也有点冷淡。要是以前孙子会喊"奶奶，奶奶"，并不自觉地靠到自己面前，现在这些都没有了，难道是孙子上了小学以后和自己有了距离感吗？和人保持距离是这个年纪孩子的正常反应吧？但是在爷爷和其他人身边，孙子还是有说有笑的啊！

类似的事情接连发生，I的妈妈感到很忧郁，不愿意和人说话，原来每天都去练舞、买东西，现在连门也不愿出了。丈夫有点担心，别人也建议他带着夫人去医院看看。

口臭是自己感觉不到的

人老了就容易口臭，无论你是怎样亲切地，或者满面笑容地和人说话，因为口臭，可能连孩子都不愿意靠前。

即使家人也很难对家中老人说"你有口臭"。老年人也容易陷于"怎么就感觉他们在避开我？""是不是讨厌我了"的想法中，认为大家都在疏远自己。

为什么老年人会口臭呢？

"爷爷口臭"这是某假牙清洗剂公司的广告语，受这个广告语的影响，人们误以为老年人的口臭是由假牙造成的。实际上，不仅仅是假牙的问题，85%的口臭是由口腔问题引起的，另外的15%是由胃部问题等引起的[1]。年纪大了，口腔内具有杀菌和清洁作用的唾液却在减少[2]，所以导致口臭。

口臭是自身的一种异味，自己不容易觉察到，就像你进入别人的家中会闻到一股独有的味道一样，但是住在那儿的人闻不到。

所以，很多人往往会认为异味和自己没关系，现在已知的是，超过60岁的老年人中，43%的人有口臭。

要测测自己有没有口臭，准备一个纸杯就够了。先往杯子里吹气，然后盖上盖子，鼻子吸入新鲜空气，从嘴里吐出来，最后再吸一口杯子里的空气，怎么样？有味吗？

不管你多漂亮，不管你多可爱，不管你性格多么好，其他人闻到口臭都会扭过脸去。我养了一只非常可爱的贵宾犬，我抚摸它，它就会高兴地晃着尾巴。它也很喜欢散步。工作回到家后，我喜欢和它亲近。可是它也有口臭很严重的时候。每当它想舔我的脸来表示它对我的爱，可就是因为口臭，我不得不把脸转过去，离它远远的。

牙周炎和虫牙会引起口臭，还会破坏牙齿

85%的口臭是由口腔问题造成的。年纪大了，唾液减少，就会引起口臭，就像皮肤干巴巴的，口腔也是干巴巴的，处于干燥状态。

唾液不仅能帮助消化，还能帮助清理口腔。如果口腔干燥，唾液减少，口腔中的污物很难随着唾液流出去，污物多了自然而然就会产生口臭。

还有舌头上的舌苔，伸出舌头看看，舌头表面的白色或者黄色就是舌苔。污物本来能够被清理干净，可是唾液减少，舌苔被污物遮住，产生异味。口腔中的污物如果不定期清理，就可能导致牙周炎和虫牙，这会使异味更重。

人过了40岁，超过80%的人都会得牙周炎[③]，刚开始牙床可能只有轻微的炎症，算不上什么大毛病，慢慢地，刷牙时牙床会出血，口腔也会有痒的感觉。因为老年人的唾液减少，不能除去口腔中的污物，牙周炎致病菌也除不掉，进而导致牙周炎。

那么，牙周炎致病菌会产生什么样的气味呢？牙周炎致病菌在口腔中能分解食物残留，产生某种"气体"，叫作硫化氢，与温泉里产生的气体的味道是一样的，经常被比喻为"坏鸡蛋的味道"，而且牙周炎严重后牙齿也会被破坏。

仅用牙膏和牙刷是刷不干净牙齿的

要想解决口腔问题,首先要好好刷牙。但是刷牙时,好像大多数人都只用牙刷,实际上,不仅要用牙刷刷牙,还要使用牙线,牙线能去掉牙缝中的残留物,这是非常重要的。现在我说得挺好,但是以前我也不用牙线,只是用牙刷刷牙,后来采纳了牙科医生的建议,开始使用牙线。

刚开始使用牙线时,确实感到麻烦,不方便,但是用牙线取出牙缝中的残留物时,还是非常舒服的,我也就习惯使用牙线了。现在外出旅游,有时我会忘记带牙线,总感觉缺了点什么。

还没有使用牙线的朋友,请一定试一试。如果不除去牙缝、牙龈和牙齿之间的食物残留物,不好的异味就会产生,所以我们要在异味产生前好好清理。

精心制作的日本料理的残渣容易残留在口中。为了让食物易嚼易咽,料理都是精工细作的,吃了这些料理后,老年人更应该好好地漱口和刷牙。

分几次喝少量的水,还有后面讲到的长时间嚼口香糖都是预防口臭的有效办法。

还有其他方法可以采用,如清理舌头,因为舌头上的残留物也能产生异味,所以对舌头定期清理也是有效的[④]。但是因为过度清理，反而搞坏了舌头的大有人在，所以，对于清理舌头，既有人赞成也有人反对，对此我不置可否。

我也觉得自己做不好舌头的清理，担心会把舌头搞坏，所以，我自己也没有清理过舌头。据说，轻轻地、慢慢地清理是最基本的，如有疑问，还是咨询牙医为好。

"因为我戴假牙，虫牙和我没关系，所以20多年我都没去看过牙医。"也有这样自夸的老年人。但是不管是不是假牙，口腔不干净就容易口臭。

假牙只要戴着，慢慢地就会有磨损，不管你把其放在假牙清洁剂里浸泡多长时间，停留在磨损空隙里的脏东西是不易被清除的。因此，即便是假牙，如果日常不细心养护、清洗，口臭一样会产生。

不仅仅是假牙，口腔内的所有角落都应该清洁干净。

按摩唾液腺容易产生唾液

按摩唾液腺是促使唾液产生的有效方法[5]。人有三大唾液腺。

第一个是腮腺。腮腺位于面部双侧耳前及耳垂下，槽牙附近。将手指放到腮腺的位置按摩10次。

第二个是颌下腺。颌下腺位于颌下三角中，比较柔软。将手指放到颌下腺的位置按摩10次。

第三个是舌下腺。位于口腔底舌下襞的深面。用拇指按摩口腔下方（下巴）处10次。

不管按摩哪个位置，都不要用力过猛，轻揉为主。饭前按摩唾液腺能够促进唾液分泌，不仅能减轻口臭，也能促进消化，感觉饭菜更味美从而增进食欲。

食用酸性食物或水果，饮用内含鲜味的汤汁

柠檬和梅干是容易产生唾液的食品[6]。大家想象吃柠檬的场景，嘴里一定会分泌出唾液。酸性食物能够促进唾液的分泌。

一些水果是预防口臭的理想水果。菠萝和木瓜中含有能够分解蛋白质的酵素，分别叫作"菠萝蛋白酶"和"木瓜蛋白酶"。这种蛋白酶能分解口中的蛋白质，控制异味的产生。猕猴桃中的猕猴桃蛋白酶也有同样的功效。

苹果被称为"天然牙刷"。苹果中含有的苹果酸能促进唾液的产生，并且苹果中含有大量的食物纤维，所以吃苹果时，它能起到牙刷的作用。苹果中的多酚对减轻口臭也是有效的。

不仅水果有这样的功效，含有鲜味的汤汁同样如此，这是因为鲜味来自谷氨酸钠，其能促进唾液的分泌。多吃多喝汤菜也能抑制口臭。另外，饭后一杯绿茶对抑制口臭同样有效[7]。

常吃糖或口香糖，多嚼和细嚼，唾液分泌多

为了促进唾液的分泌，建议大家经常吃糖或口香糖。

有的老年人经常说"来块糖吧？"，像劝人吸烟一样劝人吃糖，或者有的老年人糖不离身（特别是关西一带的老奶奶）。为了防止口渴，糖成了她们的"必需品"。考虑到牙周炎，口香糖可能更好，但是口香糖容易粘牙，不喜欢吃口香糖的老年人没有必要非吃口香糖。

咀嚼硬的食物同样可以促进唾液的分泌[8]。说到硬的食品，首先想到的是鱿鱼干，可是要嚼得动鱿鱼干，仅限于有20颗以上牙齿的人，对于牙齿少于20颗的人来说，嚼鱿鱼干真是费劲。日式煎饼的硬度是多种多样的，老年人可以根据自己的具体情况选择合适的煎饼。

日常饮食中，老年人要逐渐少吃硬的食物，多吃软的食物。以前经常吃的"胡萝卜炒牛蒡"会逐渐由凉拌羊栖菜取代，食物也变得越来越软。咀嚼可以分泌唾液，即便是软软的食物，养成多嚼、细嚼的习惯也是重要的。

尽管老年人知道应该好好嚼一嚼食物，但是实际操作起来很困难。因此，咀嚼时数数嚼的次数是有效的方法。原来只嚼一两次就咽下的食物，会因为觉察到嚼的次数少，而增加咀嚼次数。

越用嘴呼吸越容易口臭

呼吸方法是否正确,也会影响口气。你现在是用鼻子吸气,还是用口吸气?如果用口吸气,那么口臭就会比较严重。

鼻子吸气,空气会通过鼻子进入口腔,然后进入肺里,即便是空气干燥,经过鼻腔后,吸入肺部的空气也会变得湿润,不会有口干舌燥的感觉。

用口吸气,空气直接进入口腔,这样口腔容易干燥,口中会有黏着感,口中异味也会更重。所以,养成用鼻子呼吸的习惯。

可能有些老年人表示,"即使这么说,我也会不知不觉地用口吸气。"这可能是因为过敏性鼻炎,鼻子堵塞,老年人才选择用口吸气。服用治疗过敏性鼻炎的药物后,老年人就容易用鼻子吸气了。

除此之外,老年人如果时而兴奋,时而不安,就容易用口吸气。这个时候,老年人更应该有意识地用鼻子吸满气后再从口里吐出来。刚开始不习惯,时间长了自然而然就这么做了。

侧睡和加湿器的使用可以防止口干舌燥

睡觉的时候人容易用口吸气,特别是睡觉打呼噜的人。我父亲用口吸气,还打呼噜,呼噜打得很响,为此还专门到医院治疗过,这也是我母亲长久以来的烦恼。

以前,人们认为打呼噜是没有办法医治的。但是有一天,我知道了治疗打呼噜的方法,就是输送空气的治疗方法,马上介绍给父亲,结果,父亲真的不打呼噜了。当然最高兴的还是母亲。父亲不打呼噜了,口臭也没有了,而且晚上睡得好,午睡时间也缩短了。

避免睡觉时用口吸气,可选择侧睡。脖子周围脂肪多的人或者下巴太小的人不适宜仰睡,仰睡时空气通道被关闭,为了空气通过,这些人自然而然地选择用口呼吸。

即使用口呼吸,为了保持房间的湿度,使用加湿器是个比较好的方法。我睡觉的时候尽量开着加湿器。

住在宾馆等地,可以利用湿毛巾保持房间的湿度。到了早上,毛巾会干干的,这说明你的嘴也是这么干着的。

85%的口臭来自口腔,还有15%来自胃部。胃中活动的幽门螺杆菌,也和口臭有关联[1]。据说,幽门螺杆菌是引起胃溃疡和胃癌的起因,除去幽门螺杆菌不仅可以解决口臭问题,还可以预防胃癌的发生。

高龄者自身老化症状（9）

- 唾液分泌的减少容易引起口臭。
- 老年人感觉不到自己口臭。

看护者易犯错误

- 即使对方有口臭，自己也忍着，什么也不说。

看护者须知

- 如果老年人有口臭，要劝其看牙医。

预防措施

- 准备好杯子，自查是否有口臭。
- 经常吃糖和口香糖。
- 不仅刷牙，还要用牙线等清洁口腔。
- 不管是否有假牙，都应把牙齿和口腔清理干净。
- 喝水要少量多次。
- 增加咀嚼次数，就是数数咀嚼的次数也会有效果。
- 食用硬的食物，根据自身实际情况挑选硬度适当的日本煎饼。

改善措施

如果你已出现上述情况，可以采取下列措施。

- 按摩唾液腺，促进唾液的分泌。
- 用鼻子吸气。
- 睡觉时爱用口吸气的人应选择侧睡。
- 睡觉时打开加湿器，或者在房间里挂上湿毛巾。
- 兴奋的时候，用鼻子吸满气，然后从口中吐出去。
- 除掉幽门螺杆菌。

㊂ 老年人经常让人困惑的行为之十：
竟然忘记了已约好的事情

因为家里有法会，J正和亲戚在厨房准备饭菜。此时，亲戚的叔父说要到附近超市买东西。

J说："酱油快没了，能帮忙买回来吗？"亲戚的叔父一边"啊，啊"地应着，一边出门了。

亲戚的叔父回来了，但是塑料袋里只有啤酒和鱿鱼干，没见到酱油，J忙问："酱油呢？"

"酱油，酱油怎么了？"亲戚的叔父把买酱油的事情忘得一干二净。

还发生过类似的事情。因为大家很久没有一起出去吃饭了，所以约好1月8日晚上6点一起聚一聚，叫上了亲戚的叔父。可是到了那天，亲戚的叔父却没有来，"是不是地方不好找啊？"大家这样想，就给亲戚的叔父打电话问"你到哪儿了"，得到的回答居然是"啊？是今天啊？"，聚会的日子他忘记了。

不是忘了而是根本没听进去

和高龄者交谈时，他们好像听得很明白，"嗯，嗯"地回答着，但是约好了的事情却忘了，答应的事情没有做……为什么会这样呢？特别是家里几个人一起决定的事情，老年人往往不能遵守。

发生这样的事情，可能是老年人忘了，但是更可能的是他们没听进去或者根本就没听明白。如果联想到"人上了年纪，记忆力就下降了"是不合适的。

例如，在诊所，大夫嘱咐老年患者说："从明天开始眼药一天点4次，因为脸和头部刚做过手术，先别洗。"他们会马上回答"好"，然后又会问"大夫，头可以洗了吧？"在这种情况下，与其说他们忘了大夫的话，倒不如说他们没有听明白大夫的话。

还有，嘱咐他们的事情，他们虽然会说"好，不能洗脸"，可傍晚在病房你会发现他们在"哗啦哗啦"地洗脸，上前阻止他们"不能洗"其回答往往是"是吗？不能洗啊。"这不同于上述的例子，这是失去记忆的表现。

如果听力好，记忆力就会好。听力好，听到的内容就容易记在脑子中。现在已经知道的是，听力好的老年人，其记忆力能提高8%[①]。

老人经常生气地说："你们怎么不管三七二十一就往我嘴里塞吃的。"

　　电视开着或者音乐响着的环境下说话，对话效果就会很差。研究表明，在有杂音的环境中，年轻人比老年人更容易听清对话[②]。据说，在养老机构里，会听到老年人说："你怎么不管三七二十一就往我嘴里塞吃的。"实际上，护理人员一般会先说"该吃东西了"，然后把饭送到老人口中，只是老年人在嘈杂的环境下，忽略了护理人员的话。

　　护理者既要照看这位老年人，又要回答那位老年人的问题，同时做几件事情的时候，可能没有面对着正在喂饭的老人，所以吃饭的老人会说"没觉得护理者是在和自己说话"。护理者认为自己已经提醒老人了，而在老人看来他们什么也没说，所以会有"不管三七二十一就往嘴里塞吃的""突然给我脱衣服"等误解。

多人间的会话，很难表达清楚

高龄者间对话，特别是人多的时候，对话很难听清楚[3]。因为高龄者很难判断声音传来的方向，所以就会疑惑"到底谁对着谁说话呢？"[4]

因而，老年人们聚在一起，某人说"最近身体怎么样？还好吧？我呢，腿疼得要命。"大家会想"是在和我说话吗？""也许是对别人说的，刚才说话的是谁？山田？还是佐藤？"进而越来越糊涂，自然会有忽视话语的时候。他们并不是有意的，而是认为不是在和他们说话。

我以前做完手术，会在患者后面说："手术做完了啊。"但我面前不仅有护士，还有助手，所以患者们会想"哦，医生是在和护士他们说话吧？"就会毫无表情得像没听见一样。

现在，我会走到患者面前轻拍他的肩膀，然后说："手术做完了啊！"那么患者就会知道我是在和他说话，满面笑容地说："谢谢！有您这句话就放心了。"

前后说话声音的大小是一样的，但是后者的说话方式更能使老年人清楚地意识到医生是在和他说话。

综上所述，看护者和老年人说话时，首先尽量减少周围的杂音；其次正面面向老人，表示自己在对老人说话，这是非常重要的；最后注意说话方式和说话内容。

面对老年人,不要使用"外来语"和省略语,话语越短越好

那么,我们应该怎么和老年人说话?说些什么呢?

首先,言语简单是让老年人快速理解的诀窍,特别应该注意的是避免使用外来语、省略语和专门用语(译者注:外来语是指日语中来源于外国语言的词汇)。

例如,"GARAKEE"(译者注:是面向日本市场独自开发的日本产手机),几乎没有老年人知道,如果说"携带电话",那么老年人都会听得懂。年轻人喜欢用省略语,横写日文,虽然他们自己也没有意识到自己是在横写日文。他们会用"ポジティブ"(译者注:外来语,是英语 positive 的日语表达方式,即积极的)而不用"积极向上",不说"外套"而说"ジャケット"(译者注:外来语,是英语 jacket 的日语表达方式,即外套)。只看电视和网络是不会知道日本语表记的(译者注:日本语表记的方式竖写文字)。

日本的新闻报纸尽量不用横写文字而用日本语表记方式,正是因为老年人读惯了报纸,所以日本语表记方式才是老年人熟悉的。好好地读一次报纸就会知道"モチベーション"(译者注:外来语,是英语 motivation 的日语表达方式,即动机)、"コンセンサス"

（译者注：外来语，是英语 consensus 的日语表达方式，即意见一致）等的意思，但是这对老年人来说是行不通的。既然行业用语不管什么年代都有人理解不了，那就尽量避免使用。作为医生，我会避免说"做オペ"（译者注：是オペレーション的省略语，是英语 operation 的日语表达方式，即手术）而会说"做手术"。

话语越短，老年人越容易理解。例如，"明天我们一起去吃荞麦面，10点钟在新宿西口集合。"这句话太长了，老年人只记着去吃荞麦面，几点、在哪儿集合很可能就忘记了。

因此，分开说比较好，如"明天一起去吃荞麦面，在新宿西口集合，可以吗？10点钟，可以吗？"这样说，老年人才容易理解和记住。

因为时间和地点是比较重要的信息，最好一边询问一边确认，这会让老年人记得更牢。

"明天我们一起去吃荞麦面，在新宿西口集合好？还是别的地方好？"

"新宿西口可以。"

"时间是10点好？还是11点？"

"10点就行。"

这样的问答老年人不容易忘记。

笔谈是有效的方法，有意识地使用方言会更好

把要说的内容写到纸上让老人看，也是一个好办法。我告诉老年患者点眼药水的次数时，他们常常会问"对了，几次？"我现在都是给他们写在纸上"××眼药水，双眼，一天4次"。

你可能会想"写在纸上不是应该的吗？"平常和高龄者接触不多的人，很难想到"写下来对方会明白"这么简单的事情，反而提高音量，这会激怒对方。有研究表明，对普通人来说，只有5%的人能够想到"笔谈"⑤。

现在已经知道的是，语调和平常说话时的抑扬顿挫不一样，对方也很难听懂⑥。

你应该会觉得有口音的人说的话很难听懂，反之亦然。如果不按当地的口音说话，当地的老人很难听懂。我在关东长大，在山形县医院工作的时候，无论我对高龄患者说什么他们几乎都听不懂，要让当地的护士做翻译才行。

后来，我经常听当地的新闻或者观看当地的电视节目，多少也能说些当地的方言，和当地高龄患者的沟通才顺畅许多。虽然和当地人口音还是不完全一样，但是这样和他们沟通，大大地提高了沟通质量和效率。

精通当地方言可能要求太高，但是如果有想用方言沟通的想法，多听当地新闻或者观看电视节目是一个非常有效的方法。

有时候老年人假装听见了

很多人会认为如果老年人没听清或者没听见话语，就会说"我没听清，请再说一遍"。实际上，老年人会不经意地假装听见了，特别是在聊天氛围好的时候，他们会觉得"自己没听清，如果说出来会影响气氛的"。

"明天去涩谷，没问题吧？"

"没问题，穿什么去好啊？"

"真有点怀念，那个店现在还是以前的样子，没变吧？"

大家你一言我一语说着的时候，许多老年人感觉说不出口"没听清，请再说一遍"。

在嘈杂环境中，有的老年人更是要反复地询问。

"对了，上次我们去的是箱根。"

"哎，去哪儿？"

"说的是去箱根。"

"嗯，哪儿？"

"算了，也不是什么重要的事。"

这样的对话怎么会愉快地进行下去呢？上了年纪的人通常会有这样的经历，特别是人多的时候，有杂音的时候，即使没听见或者没听清，他们也会假装听见了。

最好带着人名说话

为了清楚地听清对方说的话，左右转动脑袋是一个有效的办法。转动头部会改变左耳和右耳的位置，能更清晰地听清他们说的话。

将手放到耳朵旁，也是有效的。

自己说话的时候，把别人的名字说出来也是可行的。例如，4个人说话的时候，一个人说"最近身体怎么样？"不如说"山本，最近身体怎么样？"把"山本"的名字说出来，慢慢地大家都会效仿在对话中说出相互的名字。

打电话听不清的时候，用传真或者电子邮件交流也是一个好办法。用传真交流，说过的事也不用再记录下来，把字写大是非常重要的。采取电子邮件的话，不管是通过电脑还是手机，发送接收都很方便。

对听力有益的三种行为

  为了自己不耳背,练习演奏乐器是有效的[7]。通过练习演奏乐器,自己更容易听清他人的话语。和欣赏音乐相比,练习演奏乐器更有效。

  虽然先前说过"会话时最好在没有杂音的环境中进行",但是训练听力的话,倒应该多选择参演者多、说话快的电视节目,这样的训练效果会更好。

  除此之外,含有Ω-3脂肪酸的高品质油对听力有益[8],含有Ω-3脂肪酸的食物有青鱼、核桃、亚麻籽油。在这些食物中,特别是青鱼,平常吃的机会就很多。

  通常说来,"鱼肉益于听力",在这里鱼肉不是指一般鱼的肉,而是指青鱼,"鳉鱼""鲐鱼""鲱鱼"等鱼的肉,含有大量的Ω-3脂肪酸。"河豚""鳕鱼""鲽鱼"等鱼身相对比较白的鱼几乎不含Ω-3脂肪酸。

高龄者自身老化症状（10）

- 很多话老年人不是忘记了，而是从开始就没听见。
- 在有杂音的环境中，老年人的听力更差。
- 老年人不喜欢在人多的地方说话。

看护者易犯错误

- 多次大声地询问老年人。
- 觉得说了就行了。

看护者须知

- 与老年人说话时，正面面对老年人。
- 轻拍老年人的肩膀再和他说话，这样更容易让老年人明白是在和他说话。
- 与老年人交流时，尽量避开嘈杂的环境。
- 与老年人交流时，采取一边提问一边确认的方法。
- 避免使用外来语、省略语和专业术语。
- 通过读报可以知道，老年人更容易理解什么样的话语。
- 话语越短越好。

- 知道老年人所用方言。

预防措施

- 多看参演者多、说话快的电视节目。
- 为了摄取Ω-3脂肪酸,应该多吃青鱼、核桃等。
- 练习演奏乐器。

改善措施

如果你已出现上述情况,可以采取下列措施。

- 听别人说话时,把手放到耳朵旁。
- 说话时,要先提及对方的名字,再说其他话语。
- 听人说话时,把耳朵对着对方。
- 可用传真或电子邮件和老年人交流。

第四章 看着就让人担心害怕的行为

● 老年人经常让人困惑的行为之十一：
经常在意想不到的地方跌倒，如家中

K的父母住在三层独栋的楼房内，第一层停车和放置杂物，第二层是客厅、厨房和洗手间，父母住在第三层。K回家住时，一般就在客厅里铺上被褥将就一晚。

某天，K问父母："你们年纪也大了，上下楼梯一定不方便，以后怎么办好呢？"

K的母亲回答："没关系，我们腰腿还硬实着呢。"

K也只能说："是吗？那今天先休息吧，这件事以后再商量。"

说完，父母回三楼的卧室休息了，K也关了客厅的灯，钻进被窝，打开手机看了起来。不知不觉地过了很长时间，正当K要进入梦乡的时候，听到了"嘎登，哐当"比较沉闷的声音。怎么了？K迅速起床，快步走出房间，看到母亲正蹲在那儿。

K忙问："妈妈，怎么了？没事吧？"

K的母亲说："滑了一下，摔倒了，没事。"

K对母亲说："来，抓住我的手。"

K把手伸向母亲，想把母亲拉起来，母亲也两膝着地努力站起来。

这时，母亲说："疼，等等。"

K的母亲蹲在那儿，脸色慢慢苍白起来，K心里十分焦急，急忙叫了救护车。

老年人发生意外的现场多是在家中

老年人发生意外的现场多是在家中,而不是在外边。根据有关报告,老年人发生意外,77.1%是在家中[①],并且,65岁以上老年人发生事故的危害性更大(2倍),因为肌肉萎缩,骨骼脆弱。

在家中,老年人最容易发生两种意外,一是摔落(30.4%),二是摔倒(22.1%)。也就是说,一半以上的事故是由"倒"而引起的,特别是在楼梯上发生的"绊"或者"摔",这是非常危险的。最容易导致骨折的就是楼梯上的"绊倒"或者"摔倒"[②]。

如果脚骨骨折,你能想象出自己挂着拐杖走路或者生活的样子。但是,老年人的骨折和年轻人的骨折完全不同,对老年人来说,骨折是非常严重的问题。在老年人需要护理的标准中,处于介护4或介护5状态的,除了认知障碍症、脑血管疾病(中风)以外,就是骨折[③]。

年轻人骨折,更多的是腿部比较长的骨骼的骨折,而对老年人来说,更多的是大腿骨头部的骨折。之所以老年人会发生这样的骨折是因为他们骨骼松软,这也是他们容易得骨质疏松症的原因,并且大腿骨头部骨折后,即使借助拐杖走路也是困难的,需要做人工关节手术。所以，大腿骨头部骨折是导致老年人卧床不起的代表性骨折。

摔倒很有可能导致老年人卧床不起，因此，防范"绊倒""摔倒"对老年人来说非常重要。

"金鸡独立"，保持重心平衡的方法

为什么老年人容易在楼梯上摔倒呢？这与"重心"（平衡）和眼睛有很大的关系。

老年人重心不容易稳定，平衡能力就会越来越差。和二三十岁年轻人相比，60岁以上的老年人的平衡力大约失去20%左右，70岁以上的老年人将失去41%，80岁以后将失去80%的平衡能力[4]。

而和年轻人不一样的是，老年人仅仅向前倾斜，重心就会不稳定，并且其上下楼梯时，身体容易前倾，也就是说容易失去重心，因而摔倒。前倾不行，那后倾呢？这样做，老年人会因为楼梯光滑而摔倒。前倾和后倾都是危险的。老年人无论是在楼梯还是在别的地方，都要保持重心稳定，尽管做起来很难，但是很重要。

我们可以自己测量重心平衡能保持多长时间。方法非常简单，睁着眼睛，一只脚抬起来，看看能坚持几秒钟。如果老年人能坚持15秒以上，说明在保持重心平衡方面他们没有什么问题，如果坚持不到15秒，说明重心不稳定，人容易摔倒[5]。

顺便说一下，这个检测法，也是一种练习重心平衡的方法，每天坚持"金鸡独立"，看看能坚持多长时间，每天坚持锻炼，自身平衡能力一定会增强。切记，千万别过度练习，否则很容易因为过度练习而摔倒，这样一来，就得不偿失了。

重心平衡非常重要，但是人们可能很难注意到。人拿不动重物时会逐渐减轻所拿东西的重量，走路走累了会缩短路程。楼梯或者是不太容易掌握平衡的地方又不能不去，那么一旦平衡能力变差，老年人易于在楼梯摔倒，进而卧床不起。

老年人是否跌倒与眼睛也有很大的关联。因为年纪大了，眼睛看不清楚，所以老年人容易在楼梯等处踩空。

视力好对于防止跌倒是非常重要的，上面我们挑战了睁着眼睛，"金鸡独立"坚持15秒钟。下面闭着眼睛，一只脚抬起来（这样做真的容易摔倒，绝对不要勉强），10秒钟都坚持不了的人一定很多。你一定知道了，人是用眼睛一边确认自己的位置，一边稳定重心的。

渐进式眼镜是老年人跌倒的原因

与老年人摔倒有关的是"远近感""眼镜"和"光线"。

首先，随着年龄的增长，远近感变弱，老年人很难判断某物是远还是近，正因为如此，他们才容易踏空楼梯。

其次，为了看得更清楚，老年人才戴眼镜的，不是吗？也许你是这么想，但是现在很多老年人都在使用渐进式眼镜，渐进式眼镜是老年人"摔倒"的原因。佩戴渐进式眼镜时，眼睛注视镜片下方，能比较清楚地看清近处的物品，注视镜片上方是为了能看清远方的物品。这就是看书时为了看得更清楚，视线向下的原因。

基于此，下台阶时就麻烦了，老年人担心自己下台阶时会摔倒，每下一个台阶时，都会认真盯着看，因为渐进式眼镜对准的是最近的台阶，看下一个台阶就有点模糊，所以容易摔倒。所以，下台阶时老年人应该养成低下额头的习惯。

另外，老年人在昏暗处辨别能力会变差，20多岁的年轻人的瞳孔面积大概为15.9平方毫米，70岁以上的老年人的瞳孔面积只有6.1平方毫米，不足年轻人的一半[6]。这也就是说，没有2倍以上的光亮，老年人在暗处是看不清的。楼梯处一般很昏暗，所以老年人容易摔倒。

最近为了追求时髦、时尚，楼梯间采用间接照明方式，仅一部分有亮光，大部分处于昏暗中。鉴于老年人易摔倒，楼梯间电灯的度数应加大，或者在楼梯间多安装一些照明设备。晚间，厕所等地的电灯应该一直开着。为了节约电费不打开电灯，如果因此而骨折是得不偿失的。

建议大家在需要安装扶手的地方安装扶手。扶手、楼梯、墙壁等装饰材料不要过于光滑，尽量选择手感粗糙、有摩擦力的装饰材料，这样做可避免滑到。另外，要慎重选择防滑物的颜色，如果楼梯是茶色的，防滑物选用白色为好，这样有颜色差，老年人就可依靠防滑物上下楼梯了[①]。

单纯补钙，骨骼不会变强

上文说过老年人的骨骼在变弱，跌倒后容易骨折。骨骼强弱可以参照骨密度（骨骼矿物质密度）数据。随着年龄的增长，人的骨密度会降低。

为了预防骨密度降低，日本人被建议每天钙的摄入量应为650~700毫克[8]，那么，吃补钙产品就可以了吗？只吃补钙产品还不行。

老年人服用补钙产品，血液中钙的浓度会急剧增加，从而加重身体负担。从食物中摄取钙是最好的方法。服用补钙产品，每次钙的摄取量以不超过500毫克为宜。

说到骨骼，大家更容易想到的是钙，但是维生素D和维生素K也是骨骼不可缺少的组成成分，每人每天需要摄取5.5微克的维生素D，150微克的维生素K[9]。

鲑鱼（大马哈鱼）是有名的含有大量维生素D的食物。维生素K对骨骼代谢的影响是双向的，既促进成骨，又抑制破骨过程，但以促进成骨效应为主。日本大量研究也表明，维生素K缺乏是骨质疏松和断裂的原因之一（译者注：陶天遵，等.维生素K和骨代谢[J].国外医学内分泌学分册，2005，25（5）），推荐大家多食用小松菜和菠菜。

另一方面，为了增强骨骼强度，应该避免吃含磷多的食品，清凉饮料水和加工食品等应该少喝少吃。

高龄者自身老化症状（11）

- 老年人发生意外的现场80%是在自己家中。
- 因为骨骼变脆，老年人容易骨折。
- 老年人掌握不好远近感。
- 在稍昏暗的环境中，老年人看不清楚。
- 老年人戴渐进式眼镜容易摔倒。

看护者易犯错误

- 不了解老年人为什么会在自己家中说跌倒就跌倒。

看护者须知

- 避免老年人跌倒，他们跌倒了就是大事。

预防措施

- 睁着眼睛，单脚着地，坚持15秒，如果做不到，说明平衡能力弱。
- 坚持单脚着地的锻炼，但是要记住，锻炼的强度要在自己能承受的范围内。

- 试验一次，闭着眼睛，单脚着地，实际感受到眼睛在保持平衡方面发挥着部分作用。
- 补钙，增强骨骼强度。
- 补充维生素 D 和维生素 K。
- 避免吃喝含磷的食品。

改善措施

如果你出现了上述情况，可以采取下面的措施。

- 楼梯间应增加照明设备，增强亮度。
- 洗手间等夜晚常去的地方不关灯。
- 上下楼梯时，如果戴着渐进式眼镜，低头向下看。

二 老年人经常让人困惑的行为之十二：虽然收入少，但出手大方

L回了娘家，一进门就看见了放在那儿的大大的羽绒被。

L就问妈妈："怎么了，这是？"

妈妈说："我买的啊。"

L："这是谁要用吗？多少钱买的？"

妈妈："真烦人。"

L扫了眼桌子，发现了一张写着"49万7800日元"的收据，难道是这个？这也不是靠年金生活的妈妈能付得起的价啊。

L环顾四周，发现电视机也换成新的了。

L："电视机也是新买的？"

妈妈："是啊，好看吧？9万8买的，便宜吧？"

L查了一下，同样的电视机网上才卖6万日元。

L："网上才卖6万，这个太贵了吧！"

妈妈说："花我自己的钱，可以了吧。"

老年人更喜欢选择常年使用过的、有安心感的物品

"最近安装了大容量的净水器""也不知道什么时候，就决定家要重新装修"等，上了年纪的人某天会突然决定花一大笔钱买东西。

即使在网上一查就知道某些商品网上卖得很便宜，可老年人却要买比网上贵出几万日元的东西。家人也不理解"他们怎么能这么浪费呢？"

为什么老年人会不自觉地购买或订购很贵的商品呢？

看着老年人购买的贵商品，年轻人会认为这是"信息闭塞"（基本上不知道外边的行情）造成的，或者是认知障碍症导致其判断力下降。

从表面上看是这样的。实际上，这不仅是因为购物方式和年轻的时候不同，而且还与老年人的"判断""记忆""移动"等有关系。现在我们分别介绍"判断""记忆"和"移动"。

首先，来看看"判断"，现在已经知道的是，老年人容易根据经验、感情做出判断[①]。

购物时，购物者比较的不仅是商品的价格，还要考虑商品的性能，即使买台吸尘器也要考虑"价格""省电""声音""吸力大小""体积大小"等因素，还要考

虑是不是名牌，要考虑的因素很多。

而这些比较点都是印在产品说明书上的。说明书的字号不是小四以上，老年人是看不清楚的。实际上，产品说明书的字号都太小，老年人看起来太费劲，他们也就无心比较。

另外，现在已经知道的是，购物时如果要考虑的因素太多，购物者就更难选择②。如果考虑的因素仅有3个，购物者容易做出选择。现在要考虑的因素有24个，做出选择就太难了。

另一方面，根据经验购物，至少不会出现大差错。所以老年人容易购买至今仍在用的商品，或者是和其相近的商品。结果就是，虽然商品价格很贵但还是买了。

看护者可能会想"那么贵为什么他们还买？"实际上，你也是，如洗发水，你买的真的是便宜的吗？

为什么在店前大卖特卖便宜的餐巾纸、手纸等

下面要介绍的是"记忆"。年纪大了,人的记忆力就会衰退,特别是记不住数字,近期记忆也会衰退。如此一来,不是每天都接触的商品,如酱油等,或者偶尔才买一次的商品,它们的价格很难被老年人记住。正是这样,即使价格很贵的商品他们也会满不在乎地购买。

另一方面,老年人经常关注的物品,他们会对比价格,在价格便宜的时候才会购买。例如,餐巾纸5盒198日元,而特卖的时候才168日元,老年人都是等到特卖的时候才去购买餐巾纸的。

所以,即使上了年纪,老年人还是能记住自己在意商品价格的,正因为知道这些,商场会对老年人记着价格的商品如餐巾纸、手纸等降价销售,大气地摆在门口吸引顾客,同时,提高他们记不住的商品价格,如鲣鱼的生鱼片等,从而赚钱。

最后,要说的是"移动"。移动困难和老年人的购物习惯也有关系。

因为腿脚不灵便、气短或上洗手间不方便等,老年人不可能长距离地移动,所以距离较远的地方通常不去,移动也变得困难。到了一定年龄,老年人的驾驶证也要上交,出门购物不坐车都去不了。综合考虑这些事情,可以

知道人老了购物的次数也就减少了[3]。

老年人说累就累，我们经常看到一些老年人购物中途坐在老年车上休息。购物确实是一件耗费体力的活动。购物时间、体力有限的情况下，老年人更偏向于选择不怎么消耗体力，而又能让他们安心的商品。和年轻人喜欢新颖、便宜的商品相比，老年人更重视商品的品牌和品质。

例如，购买吸尘器的时候，老年人是不会先上网比较吸尘器价格的，看到商品的标签上写着"保证商品价格最便宜"就会安心。实际上，所标价格并不是真的最便宜。即使商品特别贵，老年人还是会依赖店员帮忙推荐商品[4]。

也许你想，让店员帮着选择，不会被骗吗？老人们并不考虑这一点，而是一味地相信店员选择的商品。

活的岁数越大越容易相信别人

那么，上了年纪的人是否过多地消费了呢？还真不是，根据总务省（译者注：日本中央省厅之一）组织的全国实际消费调查数据，50~60岁的人花费最高，60~70岁、70~80岁的人随着年龄的增加，每月花销在减少[5]。

先看看日本单身男性的情况，未满40岁的单身男性平均每人每月的支出在16万日元，70岁以上的老年男性则降到14万7000日元。女性的情况类似，未满40岁的女性每人每月的支出在17万日元，70岁以上的老年女性降到了15万4000日元。

再看具体的消费项目，手机通信费等在减少，70岁以上老年人的居住费用花费少。减少的这部分用在了和朋友的交往上，大件物品的购买费用也在增加。居住费和通信费的减少正好弥补了家电、旅行等支出。

比起东西买贵了，更可悲的是被骗子骗。

"我我欺诈"在日本很有名（译者注：是日本电话诈骗的一种形式，骗子冒充子女给独居老人打电话，谎称出事了，骗老人将钱寄过去。由于骗子在电话的开头急促地说"オレ、オレ"，意为"是我、是我"，故得此名）。现在不用电话行骗了，改成"汇款欺诈""剧场型欺诈"，欺诈的手段也在进化。上了年纪的人更容易相信他人，说好听的是易相信他人，说不好听的是容易上当受骗，当靶子。

被骗的金额也很大。年纪轻的人上当受骗，平均被骗金额大约131万日元，老年人被骗的平均金额是396万日元[6]。这里说的是"平均"，说明还有被骗金额更大的。

为什么老年人容易上当受骗呢？根据"积极倾向(Positive Bias)"理论，这和老年人不考虑将来要发生的坏事，只考虑事情好的一面有关系。比如说"买了吸尘器，万一坏了，售后服务怎么样？"或者"是不是有更好的商品？如果买了这里的商品会不会后悔？"他们都不予以考虑。

如果考虑到"余生"，也就是人生剩余的时间，"积极倾向"理论就自然发挥作用。如果你还只有一年的寿命，你不会花时间去考虑"是不是有比这台更好的吸尘器？"而会这样想"虽然有点贵，但就这台吧，还能活一年，别太凑合了。"如果是我的话，我会觉得花费时间犹豫是否买这台吸尘器太可惜了，赶快定下来，好去读自己喜欢的书或者和人聊聊天。

从骗子的角度看，老年人是最好诈骗的对象。

所以，骗子比老年人能学习，也比老年人自己更了解老年人的事情。骗子们知道怎么和老年人说他们才能听进去，熟知老年人怎么才能看不清。骗子们使用对其有利的词语表达方式，对他们不利的，他们会使用不容易听清的声音和不容易看清的词语。

　　骗子们研究过和老年人接触的方法，所以在老年人看来，他们比家人、一般店员都好接触，是"好人"。

　　实际上，我曾见过骗子把质量不太好的商品以高价推销给老年人，他们弯着腰，毕恭毕敬，用老年人爱听的声音向其推销。

强行推销后不辞而别，移动贩卖也有恶德商人

面向老年人的欺诈行为中，和健康有关联的商品及装修工程占多数。

健康是老年人最为关注的，恶德商人（家）也正是利用了这一点。下面是我和患者进行的真实的对话。

患者："把脚放在上面，通上电，全身都会变好，这个机器花了我120万日元。"

我："还真贵啊，效果怎么样啊？"

患者："我不是有糖尿病和绿内障吗？觉得能治好就买了，但是一点也不见好啊。"

我："是吗？"

说到这里，我继续看病，患者接着说："找他们说理去了，他们说以前的没有效果，这次这台新版本的315万日元一定有效果，您觉得怎么样？"我是这样回答的："千万别买，认真治疗，降下血糖值才是重要的，眼药也要记着点啊。"

某个恶德商家盯上了不习惯去眼镜店的老年人，开着车向老年人推销眼镜。一开始没有戴过眼镜的老年人，乍一戴上眼镜会有"世界真清晰"的感觉。

但是眼镜的度数不合理，不是度数高得长时间戴不了，就是被设定成只能看远处，平常不能一直戴着，有的老年人因为戴这样的眼镜而头疼，而且价格还是平常价格的2倍，有的甚至超过了10万日元。

因为他们都是移动贩卖，即使消费者想投诉反映问题，或者申请退款退货，都找不到他们。

说起房子，很多老年人都有自己的住房，恶德商人通常会以房子年久为借口："房中白蚁，不除掉不行""如果这样置之不理，房子就坏了"等，以此胁迫老年人不得不装修。

某位老年人因为听信了"房子布局不好，应该把门改了"的话，把门调整了。因为调整了门，房子的布局更差了，连门都不能开关。询问装修公司，得到的回复是"就那样开着更好"。据说改门换门竟花了37万日元。

老年人实际上也看成人小说、浏览成人网站等

但是,被骗这种事,有些老年人会和他人说,而不和家人讲。老年人会想,出了这样的事,如果家人知道自己被骗了这么多钱一定会发火,再说也不想让家人担心。所以,他们一般都会闭嘴不提这样的事。家人除了提醒老年人别上当受骗外,还应该告知老人,"无论发生什么事,我们都不会发火,但是一定要把事情的真相告诉我们"。

下面说说不能告知家人自己上当受骗的代表性例子,就是网络诈骗。

说起网络诈骗,你首先想到的是什么?是日本的成人网站诈骗。

通常,大家会认为老年人对两性事情不感兴趣,事实不是这样的。高龄者打给消费者中心的投诉电话中,投诉最多的是成人网站,第二是电脑的服务支持,第三是医疗服务问题[①]。

电脑上出现:"因为你观看了本网站,请支付90万日元",老年人抱着"不让家人知道为好"的心态偷偷地付了钱。有时候按照屏幕上的联系方式打电话想协商解决的,对方会威胁说:"我们知道你观看了网站,也知道你的手机号,赶紧付款。"

也有的老年人为了能在婚恋交友网上认识结交女性而不断往里扔钱。像这样的受害者还是男性居多。这些受害者不敢向家人坦白，为了息事宁人只能赶快付款。

实际上，这样的诈骗行为在筑摩书房出版的《吃老人》（铃木大介）（译者注："吃老人"指的是以诈骗老年人为生的人）一书中有详细的描写。诈骗犯们都被集中在一起培训，他们不仅学习说话方式，阅读面向关于年长者经济或者商业方面的杂志，还学习老年人心理动向等。诈骗犯们"热心学习进而付诸行动的精神"，就连生产针对年长者产品的正规企业都自叹不如。

"专业骗子集团"来了，即使没有认知障碍症的老年人都很容易被说服搞定。所以，老年人容易上当受骗，认知障碍症不是主要原因。

上当受骗后，老年人应该采取行动，向消费者中心投诉是个好办法，拨打"188"（译者注：188是日本消费者投诉电话）就能接通消费者中心。家人会说"有什么事您就说"，可是"我被成人网站骗了"这话又说不出口，这个时候正好消费者中心出场。

注意：要想不上骗子的当，有一点是非常重要的，思想不能松懈，不要觉得"我不会上当受骗的"。头脑里的那根弦不松动也是有必要的。

　　根据调查，2015年70岁以上的老年人被电话诈骗（电话劝诱销售）的最多。应对此类电话的办法是，使用录音电话，仅仅对有必要回复的电话才回拨。

高龄者自身老化症状（12）

- 越是平常不关注的物品，老年人越容易付钱。
- 更容易购买挑选余地少的物品。比起价格，老年人更愿意买不费时间、精力而又安心的商品。
- 与自己调查相比，老年人更相信可信赖的人的话。
- 更侧重正面思考。
- 购物时，依赖经验和感情来判断是否购买此商品。
- 更容易被人骗，尤其是懂老年人心理的骗子。
- 购买健康养生的商品和电器商品时，老年人容易上当受骗。
- 喜欢看成人网站等，而被要求支付更多的费用。
- 被移动贩卖欺骗而且无法索赔。
- 老年人购买高价商品的行为，与其说是因为认知障碍症，不如说与"判断""记忆"和"移动"相关。

看护者易犯错误

- 认为老年人患有认知障碍症，所以买那样的东西并不奇怪。

看护者须知

- 告诉老年人如果在意某事,或者购买贵重物品时一定提前联系家人。

预防措施

- 使用自动录音电话的录音功能,有必要回复的电话再回拨。
- 时刻提醒"自己是容易上当受骗的人"。
- 买东西前和家人商量。

改善措施

- 如果上当受骗了,要向消费者中心投诉。
- 如果上当受骗了,要告知家人。

㊂ 老年人经常让人困惑的行为之十三："是不是得了什么重病？"怎么吃得这么少

M 的义母对自己的身体还是很在意的，和肉相比，更喜欢吃蔬菜。她经常会把肉剩下来，孩子们高兴地把剩下的肉全吃了。

另外，M 的义母基本不吃 M 做的饭。

M 问："是不是不合您的胃口？"

义母说："根本没有那么一回事。"

虽然嘴上这么说，但是她尝了一口又立刻放下了筷子。

既然这样，M 就说："那么您能教我怎么做菜吗？""可以啊，例如土豆炖肉，应该这样……"义母会亲切地告诉 M，看起来义母并不是讨厌 M。但是 M 按照义母的做法做的"土豆炖肉"，义母也只是吃了一点。

饭吃八分饱，虽然都这么说，但是看义母的饭量，M 觉得连三分都不够。M 开始以为义母是出于健康考虑才少吃的，后来发现也不是。

M 每天担心着，几天后义母被医院诊断出患有贫血，并且医生说："整体来说营养不足，还是要好好吃饭啊！"

以蔬菜为主的少食习惯，和健康是背道而驰的

以吃蔬菜为主的老年人不在少数，看起来年轻人好像更偏爱油多的食品，老年人好像更注重健康。

老年人一般都吃得少吃得慢，不像年轻人那样狼吞虎咽地吃东西，看起来似乎是老年人更注重健康。

实际上，有的老年人是为了健康才主吃蔬菜的，但更多的老年人是因为其他理由才这样做的。

为什么老年人会选择这样的生活方式呢？理由有三个。

第一个理由是老年人慢慢地不喜欢吃肉类和高纤维食品。

与其说积极地选择吃蔬菜不如说是为了避开肉类和高纤维食品。因为老年人的颚和牙齿都变弱了，而且肉类和高纤维食物难咀嚼[1]。还有就是老年人的嘴也张不了那么大，开口闭口的速度慢了下来，吃硬的食物不仅浪费时间，而且还会累[2]。

第二个理由是吃点食物就有满腹感。

老年人的中枢神经机能不起作用了[3]，作为消化性激素的缩胆囊肽在空腹时也有很多，不能确定是饱了还是没饱[4]。所以，就会像电视剧《大宅门》中的老太太似的，刚吃过饭就问"什么时候吃饭啊？"

第三个理由是少食多餐成了光少食了。

你可能会想少食多餐总量没变啊？有研究表明，分开盛食物的数量少，摄取的量也就减少[5]。

人看着分开来盛的小份，会下意识地做出判断——量是足够的，这也就是所谓的"满腹感"，不仅仅是胃和血液，眼睛收集的信息也成了判断的依据。

除了视觉，还有味觉和嗅觉也会为判断提供依据，通过这些得出的结论是，因为食物不好吃，所以老年人不吃了。

对老年人说"你瘦了",会吓他们一跳

少食可能导致身体消瘦。

年轻的时候,大家都会认为"苗条就漂亮",所以"你真瘦小""瘦了"是赞美的话。但是,"你瘦了"对老年人,特别是对70岁以上的老年人来说,是一个禁语。

在门诊,有位老年女性问:"我,瘦了吗?"我说:"看不出来瘦啊。"对方如释重负,我问了问才知道,医院里其他职员说她瘦了,因为对方是天天见面的人,所以她特别上心,担心地想"我,瘦了这么多,不会是有什么病吧?"每天都会很在意自己的体重。

说她瘦了的职员表示:"'说她瘦了'是好话,是在称赞她,没有一点恶意。"可是听到自己瘦了,本人会想,"也许我得了癌症了吧?""也许有什么生命危险吧?"为此烦恼起来。

40~70岁的人群中只有6%的人太瘦,有26%的人肥胖,肥胖导致的问题更多。但是,随着年龄的增长,人变瘦了,80岁以上太瘦了的人占11%,85岁以上太瘦了的人增加到了15%[6]。所以,对老年人来说"瘦了"是"上了年纪变得瘦弱"的意思,也就成了禁语。

人老了,体重恢复能力变弱了,瘦了就瘦了。

反过来说，胖了也就胖了，很难再瘦下去。例如，正月里吃了太多的好东西变胖了，年轻的时候体重能很快就恢复过来，这些都是身体的自身反应，是新陈代谢的结果。但是年纪大了，身体的反应变差了，胖了也就胖了，很难恢复到以前的样子。

先准备一种不常用的调味品

下面介绍几种可以防止少食的方法。

现在已经知道的是,食用固状食物更容易让人有满腹感[7]。一般来说,固状食物在肚子里占地方,汤和炖过的菜等液态食物不怎么占空间,吃了也有没吃过的感觉,这和年龄没有关系。

老年人应该多食用液态食物,但是这不意味着把所有的食物都变成汤类,这样的话,颚的力量会越来越弱,况且食用多种多样的食物也是一项乐事,同时又能营养均衡。汤类的食物有一道就足够了。

一方面,调味品可以带来味道的变化,并且有益于增进食欲和进食。年纪大了,可吃的食物变得单调起来。不管是做些新的料理还是去店中买食材的机会都变少了。即使把新的食材买给老年人,他们也不知道怎么做,最后食材还是放坏了。

另一方面,调味品好保存也不占地方。这里说的调味品不是普通的香料、胡椒、七味唐辛子(译者注:日本料理中以辣椒为主的主材料的调味料),而是三味香辛料,酱油也不是普通用的大豆酱油而是泰国产的鱼露,还有薄荷等,买了交给老人们使用。如果他们有意的话,他们会用新的调味品做出新的料理。

独自进食可称为"孤食",现已成为一种社会现象和问题。独自进食饭量会减少,多人进餐会觉得饭香,对多进食来说是很有效的。有研究表明,和他人一起进餐会多吃30%[8]。

父母单独生活时,家人约着一起出来吃饭是件好事。一边视频一边吃饭也是一个办法,或者把家人的照片放到饭桌上也是有效的,这些都是经过研究和调查得出的有效方法[9]。

一月换一次牙刷，食物更美味

食物中的任何一种营养素对人体来说都是非常重要的。上文提到了饭菜的味道，在这里说说锌，如果人体中缺少锌，味觉就会退化。

锌是人体必需的微量元素之一。为了防止贫血，我们经常要补铁，同时不要忘记补锌。老年人贫血，身体会虚弱，平常都是无精打采的，致命的是不能做出血太多的手术。

既想品尝到鲜美的味道，又想吃饱吃好，口腔护理非常重要，特别是牙周病的预防。

牙周病的预防，不管是谁都能做到的应对策略是，每月至少换一次牙刷。牙刷用得时间长了，刷子的地方就会开裂非常难用，并且上面沾满了杂菌。牙刷的状态不好，据说牙垢的除去率会降低60%。

高龄者自身老化症状（13）

- 老年人不是不愿意吃肉，只是吃肉太费劲。
- 老年人吃一点食物就会有饱腹感。
- 老年人的新陈代谢机能衰弱，不再需要那么多食物。
- 说老年人瘦了，他们会不高兴，担心自己是不是得了重病。
- 瘦了很难胖起来，胖了很难瘦下去。

看护者易犯错误

- 夸奖老年人"你瘦了""长得真苗条"。
- 乐观地认为"老年人以蔬菜为主的少餐行为，是因为他们注重健康"。

看护者须知

- 不对老年人说"你瘦了"。
- 陪老年人一起吃饭。
- 给老年人准备平常不怎么用的调味品。

预防措施

- 牙刷至少每月换一次,不能放松口腔护理工作。
- 吃含锌的食物。

改善措施

- 如果你出现了上述情况,请加一道汤菜。

㈣ 老年人经常让人困惑的行为之十四：容易被噎到，可能危及生命

N的父亲经常被噎着，因为他以前抽烟抽得凶，肺也不怎么好，所以经常咳痰。在朋友面前或者在外边经常"咳咳"地咳，吐痰，N就会说"爸，控制点""爸，注意点"，N的父亲会控制些，可不一会又"咳咳"地咳了起来。N听着爸爸这样咳，每天都很担心。

有一天，N的父亲正在吃饭，刚把自己喜欢的生鱼片放入口中，他就开始咳起来了。N焦急地说"您忍一下，慢慢地吃"，父亲勉强忍下去了，可是突然整个身子好像塌了似的倒在了地上，好像呼吸都没了……N吓了一跳，母亲惊慌失措地一边喊着"救护车，救护车"一边拿起了电话。

"爸爸，爸爸。"N不停地喊着，父亲清醒过来，为了安全，N还是把父亲送到了医院。

空气以外的东西很容易进到肺里

和高龄患者说话时,你会发现他们突然就咳起来,而且咳得脸红耳赤,很痛苦的样子,但是过一会儿又恢复成原样。你问他们:"没关系吗?"他们会说:"没关系,就是呛了一下。"

开始的时候,看到这样的情景我也是大吃一惊,和很多老年人接触后发现,对他们来说这是经常发生的,现在也就能够冷静应对了。人因为年纪大了,就会频繁地咳嗽。

人吃的食物是通过食道进入胃中,空气是通过气管进入肺里,这是人体自身具有的判别功能。

但是这种判别功能,会出现差错[①],本来应该是空气通过气管,但是食物、饮料或者痰也错进气管流向肺里,如果放置不管,就会导致肺炎,所以人会本能地、拼命地把异物咳出来。

年轻的时候,肌肉力量没有退化,不会被噎着,干咳一两次就能把食物等排出来。可是年纪大了,顶出来的力量也变弱了[②]。

痰多也和被噎着有关系。本来应该去食道的食物去了肺里,引起炎症,这是痰产生的原因。你可能会觉得痰很脏还是不吐出来的好,事实上,吐痰是一件非常重要的事情。如果老年人不能很好地将痰吐出来，一旦痰进入肺部，可能会导致肺炎。食物和痰进入肺里而引起的肺炎叫"误咽性肺炎"。

人得了误咽性肺炎，犹如在生死线上徘徊了一圈似的，所造成的后果很严重，不仅患者本人就连家人也会大吃一惊的。所以老年人要吐痰的时候，你不要说"太脏了，别吐"，应该说"来，我帮您"。

你会不会想老年人因为噎着而发生危及生命的事情与自己无关，与自己的家人也无关呢？

讲个老年人的故事，这位老年人虽然患有高血压，但是身体并不弱。因为白内障手术他住院了。在医院，手术很顺利地完成，眼睛绑着绷带吃晚饭的时候，他突然噎着了，呼吸变得困难，进而失去知觉，生命垂危，幸好值班医生在现场，挽救了他的生命。本来很有可能留下某种后遗症，但是因为抢救及时，他没有留下任何后遗症。

看着很健康的一个人，随时有可能发生这样的事情。在上述案例中，因为老年人身处医院，附近有可以应对的设备和医生，所以才不至于出现更可怕的状况。想想如果在医院以外的地方发生这样的事情，你是不是会倒吸一口冷气呢？

喉咙堵塞先拍打后背

如果家里老年人突然感觉喉咙堵塞，咳不出来痰，究竟应该怎么办呢？人年纪大了，痰也不那么容易咳出来，看护者还是要了解应对方法为好！

有两个办法可以处理这种情况。一是"敲背法"③，通过敲背把卡在喉咙中的东西敲出来。第二个方法叫作"推压法"，就是一手扶着后背一手推压胸部，把堵着的东西推压出来。虽然"推压法"的效果更好，但是做不好会损伤内脏，没有把握的情况下，采用"敲背法"为宜。

你可能听说过"用吸尘器把噎着的东西给吸出来"，但是万一操作不好，反而把东西捅下去，或者把嘴弄伤，所以，不要使用这种方法。

最不好的是不知道如何应对，只是呆呆地站在那里什么也不做。

那么怎么敲背好呢？首先，使噎着的人处于侧卧状态，或者像上图那样前倾，这样的话，卡着的东西容易拍出来。其次，敲肩胛骨和肩胛骨之间。适当不适当都没关系，不要因为不知道正确的敲打方法而站立不动，当然要先叫救护车，但不管怎么样要尽量先敲打老人的后背帮助老人吐出来。

锻炼呼吸肌，经常润嗓子

还有一些方法能帮助老年人把痰吐出来，请大家务必了解以备不时之需。例如，挺起胸，不要发声地"呼、呼、呼"地反复吸气呼气，采用"呼吸法"，先是用鼻子吸气，然后张开嘴，快速用力地吐气，痰就会被顶上来[4]，这样连续做3次，痰会顺畅地出来。

现在你还有多大的气力不被东西噎着？可以检测一下：连续30秒钟一次次咽下唾液，年轻人大概30秒钟可以咽下7.4回，老年人也能咽5.9回，如果30秒内只能咽2回的话，说明你的力量已经很弱了[5]。

在这里，有必要做一下练习，锻炼自己不被噎着的力量[6]。这是一个锻炼舌头的方法，用力将舌头紧紧地顶到上颚上，3秒钟后泄去力量，每天早、中、晚反复练习10次。

另外，为了让呼吸状态更好，平常加强深呼吸和呼吸肌的锻炼也是有效的。呼吸肌是指和呼吸相关的肺部周围的肌肉，锻炼呼吸肌，呼吸更轻松。

锻炼呼吸肌的运动非常简单，用鼻子从空气中吸气3秒钟，从口里用6秒钟吐出来，就像吹灭蜡烛一样，不仅把气吐出来，还要对着目标吐气。因为是缩着嘴出气，所以你会感觉到是在给肺周围的肌肉施加压力。

为了不被噎着，保持口不干舌不燥也很重要。口干和痰多是彼此牵扯的。平常保持口中湿度，摄取水分或者含块糖都是有效的。虽然这里说的是水分，但是含有大量糖分的饮料能降低口中的唾液而造成口干，还是控制为好①。

　很多年纪大了的日本人往往喜欢吃鱿鱼或者章鱼，像这些不太容易咬断的东西吃的时候会很危险，吃前最好切得细细的，以防噎着。

高龄者自身老化症状（14）

- 食物和唾液容易进入气管，老年人容易被呛着。
- 判断食物和空气的机能在衰弱。

看护者易犯错误

- 老年人被噎着或者有痰的时候，让其忍着。
- 老年人被噎着了，看护者除了着急什么也不做。

看护者须知

- 如果老年人被噎着了，实施"敲背法"或"推压法"。
- 帮助老年人把痰吐出来。

预防措施

- 了解能够将痰轻易吐出来的"呼吸法"。
- 嘴里经常含块糖。
- 多喝水。
- 锻炼舌头。
- 锻炼呼吸肌。

- 将容易噎着人的食物切碎。

改善措施
如果你出现了被噎着的状况,你可以采取下列措施。
- 不必忍着,该咳就咳,但是尽量避免在他人面前咳嗽。
- 采取"呼吸法"呼吸。

五 老年人经常让人困惑的行为之十五：
天还黑蒙蒙的，他们就已经起床了

O 的妈妈，在天还黑蒙蒙的早上4点就已经起床了，她既不是去上班，也不是有什么特别的事情做，就是起床早，但是白天她也有很困的时候。O 想："早上有必要起得这么早吗？"

过了一段时间，妈妈晚上入睡之后又经常起来，起来后就不睡了，妈妈的口头禅是"睡不着啊"。

慢慢地，妈妈的身体越来越不舒服，怀疑是不是得了认知障碍症，所以去了医院，虽然给的药也吃了，但是情况不见好转，反而越来越严重。

睡眠进一步恶化，妈妈晚上几乎不睡觉，变成了白天睡觉晚上活动。因为晚上要照顾妈妈，所以 O 几乎没有睡觉时间。

老年人的睡眠问题不容忽视

人老了会有早睡早起的习惯[1]。如果老年人出现睡眠问题却置之不理,很容易养成夜里不睡、白天不起的习惯,会给自己和家人的身体、精神带来巨大压力。

睡眠不好容易引发认知障碍症[2]。如果老年人得了认知障碍症,晚上需要人照顾。专业护理人员白天可以照顾老年人,可到了晚上很少有人做,如此一来,家人就要晚上看护着。1小时一次,2小时一次起来帮助其上厕所,时间长了对家人和老年人来说都是煎熬。

喂养过婴儿的人都知道,没白没黑照顾婴儿,不仅身体受不了,精神上也受不了。婴儿的情况是某一天就不用这样照顾了,因为随着婴儿的成长,睡眠时间也会确定下来。渴望着不用没白没黑地照顾婴儿那天的到来,也是在期盼着自己的孩子茁壮成长。

但是,老年人的睡眠很难改善,这种情况还要继续几年也不知道。护理过老年人的人说过"活着真是不容易",特别是睡眠不足的老年人更不容易。经常在新闻上看到或者听到相关的报道,有的甚至发生了杀人事件。所以,不要认为老年人失眠没什么关系,尽快尽早地解决睡眠问题是非常有必要的。

"镇压"影响老年人睡眠质量的"坏分子"

那么究竟怎么做,睡眠才能好呢?研究老年人的睡眠可以发现,他们睡眠不好并不是他们的睡眠姿势不好。实际上,有调查数据表明,入睡(从开始睡觉到睡着)的时间是不变的,和年龄没有关系[3]。

问题是,老年人即使在睡觉,可是醒着的情况却很多。因为老年人睡眠浅,所以稍微有点不适,如响动、寒气、热气、痒、痛、小便等,老年人都会醒过来。

先看看轻声的响动。家人晚上起来去喝水,老年人可能就醒了。所以,家人经常去的卫生间、厨房等地方,最好不要离老年人休息的房间太近。

热和冷也是老年人睡不安稳的原因。例如,冬天睡觉时,房间需开着空调。有些老年人认为一直开着空调对身体不好而关了,深夜房间里会很冷,年轻的时候也许就这样一直睡到第二天早上,可是年龄大了,会因为冷而醒过来了。夏天,因为热也会出现同样的问题。

在这种情况下,需要做出调整,不是要睡了就立刻关掉空调,而是定时让空调多运转一段时间,不要让空调的风直接对着人吹,设定的温度也要适当[4]。

痒也是老年人起夜的原因之一。因为睡觉的时候,身体温度比白天的高,所以浑身发痒。我们经常看到一边睡觉一边挠痒痒的老年人。

出于防痒的考虑，应该用吸尘器仔细地清扫被子和床铺除去扁虱，正是因为这样，被子清洗器在老年人群体中卖得很好。

年龄大了，瘙痒增加的原因也和皮肤干燥有关。所以保湿很重要。睡觉时，要么在房间中放置加湿器，要么挂条湿毛巾，这样可以减少瘙痒发生的概率。

床上用品材质的选择也很重要，人造纤维、聚酯等会刺激皮肤，造成皮肤瘙痒，棉、纱材质比较好。老年人应该选择对皮肤没有刺激作用的床上用品。

疼痛也是老年人睡眠不好的一个原因。腰疼、膝疼、关节疼和后背疼都会让人半夜醒过来，但是白天这些疼痛会有所缓解，因而老年人们反而会忽视这些疼痛，不去医院检查治疗。

尿多也会导致老年人起夜。有人会想"夜间起来上厕所不是很正常吗？"实际上，之所以起夜是因为睡前喝了很多酒或者水。

即便喝水会导致起夜，也不能不喝水。嗓子干口渴，要喝水，如果因为缺少水分而患上脑梗死等疾病就麻烦了。年轻的时候，睡前2小时喝东西一般没有关系，年纪大了，如果不是睡前4小时前喝东西，夜晚睡觉就会有尿意，所以把4小时作为基准也是解决问题的办法。

睡前4小时以内要尽量避免喝东西。

如果腿脚浮肿或者血流不畅，积攒在腿、脚中的水分有去了膀胱的可能性，所以睡前先是横躺做悠闲的身体放松动作也是一个很好的方法。这样积攒在腿、脚中的水分就会流向全身，睡前上厕所就可以解决掉。

另外，如果老年人有起夜的情况，而且还口渴，还可以试一试别的办法，即用湿毛巾沾沾嘴。晚上起夜3次以上的老年人最好去医院就诊检查。

出乎大家意料的是，治疗认知障碍症的药具有某些副作用，有的老年人因为服用这些药物，或者想睡觉或者失眠。

不困想睡的结果反倒是睡不着

"不睡觉怎么行？"越是想睡觉反倒因为压力而睡不着。即便睡不着也不要焦虑不安。大家往往会觉得"每天的睡觉时间和起床时间都要一样""睡不足8小时对身体不好"。实际上，70岁以上的老年人的平均睡眠时间是6小时，认为"不睡足8小时不行"而早早躺到床上是不正确的。

但是这也仅限于白天不困的情况，白天犯困的老年人是因为睡眠不足，睡眠不足的老年人应该晚一点起床。

另一方面，也有完全睡不着的时候，这时老年人没必要躺在床上，躺在床上想睡睡不着反倒更会影响睡眠⑤。

夜间醒了后想再睡却睡不着，这个时候也不必焦虑不安，看看书或者听听收音机再睡都是解决问题的办法，尽量不要看手机或者电视。

白天困了想睡午觉，午睡时间设定在下午3点以前，午睡15分钟以内比较好，如果午睡时间太长，很容易晚上又睡不着，造成黑白颠倒。

光亮既有助于睡眠,也影响睡眠

在与睡眠有关的外界条件中,最重要的还是光亮,人们是通过光亮判断白天或黑夜的。如果睡觉前或者半夜起来看手机,手机的光线强,容易使大脑产生错觉,认为"现在是早上"而不能熟睡。

另一方面,早上和白天能沐浴在阳光中是件好事。清晨人们沐浴在柔和的朝阳中,新的一天身心都会散发着能量,被叫作"美洛托宁"的有助于睡眠的激素就会很好地分泌,晚上就能够深深地入睡[6]。

光渗入我们现代生活的每一个角落。就是晚间,我们也可以通过照明设备像白天一样地生活,晚间也可以看手机、看电视。但是这样会给大脑一种"还是白天"的错觉,这样的事情老年人应该少做。

就寝时候的照明也是,有的人会因为房间太暗,感觉害怕而睡不着。但是灯光太亮反会影响睡眠质量,虽然睡着了但是没有进入深度睡眠。使用小灯泡的时候,不要让光线直对着自己的脸,采取间接照明的方法会更好。

据说,一种叫作"茶氨酸"的物质对睡眠有益。"茶氨酸"是茶叶里的一种成分,所以有经常喝茶就能静心的说法。有研究表明"茶氨酸"对眼睛还有益[1]。

虽然这样说,但是茶叶里也含有使人兴奋睡不着觉的咖啡因,在这里希望大家多喝大麦茶,大麦茶含有"茶氨酸"但又不含咖啡因,喝起来让人安心。

高龄者自身老化症状（15）

- 老年人虽然容易入睡，但是也容易起夜。
- 因为响动、冷、热、痒、痛和小便等，老年人容易起夜。
- 因为睡眠不好，老年人容易得认知障碍症。

看护者易犯错误

- 厌倦了照顾半夜起夜的老年人，做梦都梦到这样的日子快点儿结束。

看护者须知

- 家人经常出入的地方不要离老年人的房间太近。

预防措施

- 戴着自用口罩睡觉。
- 卧室要暗一些，需要照明的时候，也不要让光线直射自己。
- 睡前尽量避免喝酒、喝水。
- 多喝大麦茶。

- 尽量沐浴在朝阳中。
- 午休要在下午3点以前，时间控制在15分钟以内。
- 睡前设定空调的关闭时间。
- 为了除去虱子，要用吸尘器好好清扫被褥和床铺。
- 在房间里安置加湿器或者挂上一条潮湿的毛巾来保持房间的湿度。
- 睡前4小时喝水。
- 如果睡前想喝水，以润润口的程度为好。

改善措施

如果你出现了上述状况，可以采取下列措施。

- 不困的时候不要在床上躺着，可以看看书，听听收音机。
- 睡前或者中途起来，尽量避免看手机和电视。

(六) 老年人经常让人困惑的行为之十六：有那么多尿？需要频繁地上厕所吗

P和妈妈很久没见面，今天一起去商场买衣服。P问妈妈："妈妈，这件咋样？"没有得到回应，回头一看妈妈已经不在原地儿了。

过了一会，妈妈回来了，就听妈妈急着说："对不起，我刚去了趟厕所。"

P对妈妈说："这件很适合您啊，妈妈……又咋啦？"妈妈说："不好意思，我还得去趟厕所。"

购物结束后，二人去饮品店，刚想点饮料的时候，妈妈一边说"我去趟厕所"，一边站起身来。已经很渴的P对妈妈频繁上厕所感到困惑不解。

不能让老年人1小时以上不活动

高龄者不想外出，尿频是主要原因。尿频可能由尿浓缩功能减退导致的[1]。尿浓缩功能减退，尿量会增加，所以要多去几次厕所。

除此之外，这也和储存尿液的膀胱变硬有关系。膀胱的伸缩性减弱，膀胱就不能储存太多的尿液，储存一点就会有尿意，就会想去上厕所。

对男性来说，由于前列腺肥大，尿道受到压迫，排尿就需要时间，并且有尿不干净的感觉，去厕所的间隔时间也就变短。对女性来说，本来尿道就短，肌肉又变弱了，憋尿就变得很困难。一般能忍60分钟，加加油能忍90分钟，这已是底线了。

我经常在全国各地举行演讲，特别是年龄大的女性经常会积极地来参加。90分钟的演讲，这些人一般在后30分钟的时候去洗手间。一般60分钟的演讲不会出现这种情况。

有的地方会要求我"针对高龄者做2小时的演讲"，但是我会告诉他们，"针对老年人的演讲，2小时有点'残酷'，1小时比较好。"

去厕所的次数越多，去厕所的间隔会越短

老年人要避免过多地摄取咖啡或者茶里的咖啡因，特别是晚上起夜次数多的老年人更应该注意。

还有，人紧张也容易去厕所，如果想"从现在开始上不了厕所"，反而更想去，所以不管什么时候都保持随时可以去厕所的心态，反而去厕所的次数会减少。

另外，有些人有这样的想法——"觉得应该频繁地去厕所"，这是错误的，这样想反而会出现逆反效果[2]。频繁去厕所，会养成想去就去的习惯，只要稍微有点尿意就会上厕所。老年人多少应该做些忍耐训练，这样可能更好。

盆底肌肉是身体为憋住小便而需要的肌肉，如果这块肌肉变得松弛，那么笑一笑都能笑出尿来，做微小的动作都会容易尿裤子。在这里我们介绍一个锻炼盆底肌肉的方法[3]。

锻炼的方法是，首先仰卧，然后两腿弯曲。一边吐气一边收紧睾丸或阴道和肛门5秒钟，然后放松吸气5秒。然后四肢着地趴下，还是一边吐气一边收紧睾丸或阴道和肛门5秒钟，然后放松吸气5秒。这里说的不是身体的外侧，而是有意识地在身体的内侧用力。

　　进行这样的锻炼不仅能防止漏尿,也防止漏便。随着年龄的增长,老年人也容易产生"便"的问题,建议大家尽量多练习。

摄取植物纤维的方法错了，可能便秘

下面说说老年人"排便"的问题。老年人有漏便的情况，也容易便秘。

便秘是由饭量和运动量减少肠胃蠕动功能下降导致的。

年轻人也会出现这样的情况。住院时，饭量可能比平常减少了很多，原来每天大便很顺畅，住院后得了便秘的是大有人在。运动后吃饭是大便顺畅的秘诀。

为了解决便秘的问题，摄取食物纤维和油分也是很重要的。

说起食物纤维，大家往往会有吃得越多越好的感觉。食物纤维分水溶性食物纤维和不溶性食物纤维两种，缺少了哪一种都会让便秘更严重。

蘑菇、蔬菜里含有不溶性食物纤维，不溶性食物纤维可吸收大量水分而腹胀，因而，它能增加肠道粪便量，促进粪便排泄，防治便秘。

海藻类或者黏黏糊糊的食品里含有水溶性食物纤维，因为水溶性食物纤维也是肠内细菌的饵料，所以促进了肠内细菌的活动，刺激肠道蠕动，排便会通畅。很多人会有意地摄取不溶性食物纤维，但是也不要忘记吃一些含有水溶性食物纤维的海藻类的食物。

我以前就思考过电影院里放映的电影一般都是2小

时的，上了年纪的人坚持不去厕所一直看到最后，一定是一件很不容易的事，如果放映1小时后休息一会儿再接着放该有多好。

　　国外很多电影院都是放映中途暂停，让大家有时间休息，这样饮料或者小吃也好卖，对电影院来说也是一件好事。

　　在日本，1小时的电视连续剧中间会播放多次广告，电影院也应该在电影放映期间插入休息时间。

高龄者自身老化症状（16）

- 老年人不愿意外出是因为憋不住小便。
- 老年人能憋住小便的平均时间为60分钟，最多90分钟。
- 尿浓缩功能减退，膀胱的机能也在衰减。
- 男性因为前列腺肥大，更容易尿频。
- 老年人容易失禁，也容易便秘。

看护者易犯错误

- 老年人本身不愿意外出，看护者还竭力地劝他们外出。
- 经常选择电影院和观光胜地等需要长时间的地方。

看护者须知

- 和老年人外出，不要选择1小时以上不动的地方。

预防措施

- 锻炼自己的盆底肌肉。

- 尽量运动后好好就餐。
- 摄取食物纤维和油分。
- 不溶性和可溶性两种食物纤维都要摄取。

改善措施

如果你出现了上述状况，可以采取下列措施。

- 尽量少摄取咖啡或茶中的咖啡因。
- 尽量不频繁地去厕所。
- 在能控制的范围内锻炼自己的忍耐力。

尾注

老年人经常让人困惑的行为之一

① 内田育恵ら，全国高齢難聴者推計と10年後の年齢別難聴発病率：老化に関する長期縦断疫学研究より[J].日本老年医学会雑誌，2012，49 (2)：222–227.

② 立木考ら，日本人聴力の加齢変化の研究[J].Audiology Japan, 2002, 45 (3)：241–250.

③ Hearing Loss due to recreational exposure to loud sounds A review [J]. World Health Organization.

④ 和田哲郎ら，職業騒音と騒音性難聴の実態について 特に従業員数50未満の小規模事業所における騒音の現状と難聴の実態調査[J]. Audiology Japan, 2008, 51 (3)：83–89.

⑤ Anderson S et al, Reversal of age-related neural timing delays with training [J]. Proc Natl Acad Sci USA, 2013, 110 (11)：4357–4362.

老年人经常让人困惑的行为之二

① 下田雄丈，老年者における聴覚の研究[J].日本耳鼻咽喉科学会会報，1995，98 (9)：1426–1439.

② Cervellera G et al, Audiologic findings in presbycusis[J]. J Auditory Res, 1982, 22 (3)：161–171.

③ 青木雅彦，騒音・低周波対策の基礎と事例[J]．紙パ技協誌，2016，70 (12)：1239–1243.

④ Choi YH et al, Antioxidant vitamins and magnesium and the risk of hearing loss in the US general population[J]．Am J Clin Nutr, 2014, 99 (1)：148–155.

⑤ 厚生労働省，日本人の食事摂取基準の概要[M].2015.

⑥ 文部科学省，日本食品標準成分表（七訂）[M].2015.

⑦ 山下裕司ら，感覚器の老化と抗加齢医学―聴覚―[J].日本耳鼻咽喉

科化学会会報, 2016, 119 (6): 840–845.

⑧ Lin FR et al, Hearing loss and cognition in the Baltimore Longitudinal Study of Aging [J]. Neuropsychology, 2011, 25 (6): 763–770（关于男性的数据）.

⑨ Mlichikawa T et al, Gender specific associations of vision and hearing impairments with adverse health outcomes in older Japanese: a population based cohort study [J]. BMC Geriatr, 2009, 22 (9): 50.

⑩ Amieva H et al, Self-Reported Hearing loss, Hearing Aids, and Cognitive Decline in Elderly Adults: A 25-Year Study [J]. J Am Geriatr Soc, 2015, 63 (10): 2099–2104.

⑪ 一般社団法人補聴器工業会, Japan trak 2015 調査報告書[M]. 2015.

⑫ 長井今日子ら: 当院補聴器外来における老人性難聴に対する補聴器適合の現状[J]. Auditology Japan, 2016, 59 (2): 141–150.

老年人经常让人困惑的行为之三

① 石原治, 老年心理学の最前線（6）高齢者の記憶[J]. 老年精神医学雑誌, 2015, 26 (6): 689–695.

② Rubin DC et al, Things learned in early adulthood are remembered best [J]. Memory & cognition, 1998, 26 (1): 3–19.

③ Shlangman S et al, A content analysis of involuntary autobiographical memories: examining the positivity effect in old age [J]. Memory, 2006, 14 (2): 161–175.

④ 佐藤眞一ら, よくわかる高齢者心理学[M]. ミネルヴァ書房.

专题

① 小原喜隆, 科学的根拠に基づく白内障診療ガイドラインの策定に関する研究[M]. 2002.

② 立木孝ら, 日本人聴力の加齢変化の研究[J]. Audiology Japan, 2002, 45 (3): 241-250.

③ Schubert CR et al, Olfactory impairment in an adult population: the Beaver Dam Offspring Study [J]. Chem senses, 2012, 37 (4): 325–334.

④ 冨田寛，味覚障害の疫学と臨床像[J]．日本医師会雑誌，2014，142（12）：2617-2622．

⑤ 内田幸子ら，高齢者の皮膚における温度感受性の部位差[J]．日本家政学会誌，2007，58（9）：579-587．

⑥ 吉村典子ら，疫学 ロコモティブッソドロームのすべて[J]．日本医師会雑誌，2015，144（1）：S34-38．

⑦ 佐藤眞一ら，よくわかる高齢者心理学[M]．ミネルヴァ書房．

⑧ 成清卓二，高齢者の腎機能とその評価（閉塞性腎障害も含めて）[J]．日本内科学会雑誌，1993，82（11）：1776-1779．

⑨ 名田晃ら，総合的心機能指標 TEI Index の加齢による変化：とくに両心室間の相違[J]．Journal of cardiology，2007，49（6）：337-344．

⑩ 福田健，肺の加齢による変化[J]．Dokkyo journal of medical sciences，2008，35（3）：219-226．

老年人经常让人困惑的行为之四

① 斉藤静：高齢期における生きがいと適応に関する研究[J]．現代社会文化研究，2008，(41)：63-75．

② Wegner DM et al，Chronic thought suppression[J]．J Pers，1994，62(4)：616-640．

③ 増谷順子ら，軽度・中等度認知症高齢者に対する園芸活動プログラムの有効性の検討[J]．人間・植物関係学会雑誌，2013，13（1）：1-7．

④ Manor O et al，Mortality after spousal loss：are there socio-demographic differences?[J]．Soc Sci Med，2003，56（2）：405-423．

⑤ 日本精神神経学会，日常臨床における自殺予防の手引き[M]．2013．

⑥ NIH consensus conference：Diagnosis and treatment of depression in late life[J]．JAMA，1992，268（8）：1018-1024．

⑦ Cole MG et al，Prognosis of depression in elderly community and primary care populations：a systematic review and meta-analysis[J]．Am J Psychiatry，1999，156（8）：1182-1189．

老年人经常让人困惑的行为之五

① Hooffman HJ et al, Age-related changes in the prevalence of smell/taste problems among the United States adult population. Results of the 1994 disability supplement to the National Health Interview Survey (NHIS)[J]. Ann N Y Acad Sci, 1998, 855: 716-722.

② Cohen LP et al, Salt taste recognition in a heart failure cohort.[J]. J Card Fail, 2017, 23 (7): 538-544.

③ 福永暁子ら，マウス有郭乳頭における味細胞特異的タンパク質の発現および分裂細胞の動態のライフステージによる変化[J]. 日本味と匂学会誌, 2003, 10 (3): 635-638.

④ 愛場庸雅，薬剤と味覚嗅覚障害[J]. 日本医師会雑誌, 2014, 142 (12): 2631-2634.

⑤ Schiffamn SS, Taste and smell losses in normal aging and disease [J]. JAMA, 1997, 278 (16): 1357-1362.

⑥ 厚生労働省，国民健康・栄養調査[M]. 2015.

⑦ 近藤健二，嗅覚・味覚[J]. 耳鼻咽喉科・頭頸部外科, 2012, 84 (8): 552-558.

⑧ 織田佐知子ら，照明の種類が食物のおいしさに与える影響[J]. 実践女子大学生活科学部紀要, 2011, 48: I3-I8.

⑨ 永易あゆ子ら，料理と盛り付け皿の色彩の組み合わせが視覚に及ぼす影響　白内障模擬体験眼鏡による検討[C]. 日本調理化学大会研究発表要旨集, 2012: 24-55.

⑩ 厚生労働省，健康日本21（第二次）分析評価事業　主な健康指標の経年変化　栄養摂取状況調査　亜鉛摂取量の平均値・標準偏差の年次推移.

⑪ 冨田寛，味覚障害の疫学と臨床像[J]. 日本医師会雑誌, 2014, 142 (12): 2617-2622.

⑫ 文部科学省，日本食品標準成分表（七訂）[M]. 2015.

⑬ 厚生労働省，日本人の食事摂取基準[M]. 2015年.

⑭ 尾木千恵美ら，女子大生における塩味に対する味覚感覚[J]. 東海女子短期大学紀要, 1994, 20: 43-55.

⑮ Murphy WM, The effect of complete dentures upon taste perception [J]. Br Dent J, 1971, 130 (5): 201-205.

⑯ Kapur KK et al, Effect of denture base thermal conductivity on gustatory response [J]. J Prosthet Dent, 1981, 46 (6): 603-609.

⑰ Kawahara H et al, Trial Application of integrated metal mesh for denture base [J]. Dental Materials Journal, 1986, 5 (1): 73-82.

⑱ 川上滋央ら, 図解で学ぶ! 日常臨床に役立つQ&A "加齢と味覚"の真実第3回口蓋感覚と義歯について [J]. Quintessence, 2013: 32 (3): 0510-0513.

老年人经常让人困惑的行为之六

① Honjo I et al, Laryngoscopic and voice characteristics of aged persons [J]. Arch Otolaryngol, 1986, 106 (3): 149-150.

② Trinite B, Epidemiology of uoice disorders in Latvian school teachers [J]. J Voice, 2017, 31 (4): 508el-508e9.

③ Johns-Fielder H et al, The prevalence of voice disorders in 911 emergency telecommunicators [J]. J Voice, 2015, 29 (3): 389el-10.

④ 田村龍大郎ら, 脳血管疾患患者の最大発声持続時間についての検討——空気力学的検査法を指標して [C]. 日本理学療法学術大会, 2011.

⑤ 岩城忍ら, 加齢による音声障害に対する音声治療の効果 [J]. 日本気管食道科学会会報, 2014, 65 (1): 1-8.

⑥ Fujimaki Y et al, Independent exercise for glottal incompetence to improve vocal problems and prevent aspiration pneumonia in the elderly: A randomized controlled trial [J]. Clin Rehabil, 2017, 31 (8): 1049-1056.

⑦ 白石君男ら, 日本語における会話音声の音圧レベル測定 [J]. Audiology Japan, 2010, 53 (3): 199-207.

老年人经常让人困惑的行为之七

① 綿森淑子: コミュニケーション能力の障害と痴呆 [J]. 総合リハビリテーション, 1990, 18 (2): 107-112.

② Baltes PB et al, Lifespan psychology: theory and application to intellectual functioning [J]. Annu Rev Psychol, 1995, 50: 471-507.

③ 松田実，アルツハイマー型認知症の言語症状の多様性[J]．高次脳機能研究，2015，35（3）：312-324．

④ Ames DJ，The bimodality of healthy aging：How do the differing profiles of healthy controls compare to patients with mild cognitive impairment? [J]．Alzheimer's Dementia，2009，5（4）：375-376．

⑤ Snowdon DA，Linguistic ability in early life and cognitive function and Alzheimer's disease in late life. Findings from the Nun Study[J]．JAMA，1996，21；275（7）：528-532．

⑥ Verghese J et al，Leisure activities and the risk of dementia in the elderly [J]．N Engl J Med，2003，348（25）：2508-2516．

⑦ Andel R et al，Complexity of work and risk of Alzheimer's disease：a population-based study of Swedish twins [J]．J Gerontol Psychol Sci Soc，2005，60（5）：251-258．

⑧ Wilson RS et al，Life-span cognitive activity，neuropathologic burden，and cognitive aging[J]．Neurology，2013，81（4）：314-321．

⑨ Eggenberger P et el，Multicomponent physical exercise with simultaneous cognitive training to enhance dual-task walking of older adults：a secondary analysis of a 6-month randomized controlled trial with 1-year follow-up [J]．Clin Interv Aging，2015，28（10）：1711-1732．

老年人经常让人困惑的行为之八

① 村田啓介ら，歩行者青信号の残り時間表示方式の導入に伴う横断挙動分析[J]．国際交通安全学会誌，2007，31（4）：348-355．

② 東京都健康長寿医療センター研究所、東京大学高齢者社会総合研究機構、ミシガン大学：中高年者の健康と生活　No4　2014．

③ 田中ひかるら，高齢者の歩行運動における振子モデルのエネルギー変換率[J]．体力科学，2003，52（5）：621-630．

④ 石橋英明，ロコモティブシンドロームのすべて　ロコトレ[J]．日本医師会雑誌，2015，144（1）：S12．

⑤ 上原毅ら，シルバーカーを使用している高齢者の身体機能について[C]．日本理学療法学術大会，2006，2005（0）E0993．

⑥ 厚生労働省，厚生統計要覧（平成28年度）．

⑦ 西本浩之ら，眼瞼下垂手術におけるGoldmann 視野計による視野評価とその有用性[J]．眼科手術，2009，22（2）：221-224．

⑧ 加茂純子ら，英国の運転免許の視野基準をそのまま日本に取り入れることができるのか？：眼瞼挙上術と視野の関係から推察[J]．新しい眼科，2008，25（6）：891-894．

⑨ 小手川泰枝ら，眼瞼下垂におけるMargin Reflex Distanceと上方視野と瞳孔との関係[J]．あたろし眼科，2011：28（2）：257-260．

⑩ 警察庁，平成27年中の交通死亡事故の発生状況及び道路交通法違反取締り状況について．

老年人经常让人困惑的行为之九

① Bollen CM et al, Halitosis the multidisciplinary approach [J]. Int J Oral Sci, 2012, 4（2）：55-63.

② Quandt SA et al, Dry mouth and dietary quality among older adults in north Carolina [J]. J Am Geriatr Soc, 2011, 59（3）：439-445.

③ 厚生労働省，平成17年歯科疾患実態調査結果について．

④ Outhouse TI et al, Tongue scraping for treating halitosis [J]. Cochrane Database Syst Rev, 2016, 26（5）：CD005519.

⑤ 塚本末廣ら，唾液腺マッサージと嚥下体操が嚥下機能に与える影響[J]．障碍者歯科，2006，27（3）：502．

⑥ Munch R et al, Deodorization of garlic breath volatiles by food and food components [J]. J Food Sci, 2014, 79（4）：C526-533.

⑦ Lodhia P et al, Effect of green tea on volatile sulfur compounds in mouth air [J]. J Nutr Sci Vitaminol, 2008, 54（1）：89-94.

⑧ Walti A et al, The effect of a chewing-intensive. High-fiber diet on oral halitosis：A clinical controlled study [J]. Swiss Dent J, 2016, 126（9）：782-795.

⑨ DOU W et al, Halitosis and belicobacter pylori infection：A meta-analysis [J]. Medicine, 2016, 95（39）：e4223.

老年人经常让人困惑的行为之十

① Anderson S et al, Reversal of age-related neural timing delays with training[J]. Proc Natl Acad Sci USA, 2013, 110 (11): 4357–4362.

② 翁長博ら, 騒音・残響音場における高齢者の最適聴取レベルに関する検討[C].日本建築学会環境系論文集, 2009, 74 (642): 923–929.

③ 廣田栄子ら, 高齢者の語音識別における雑音下の周波数情報の処理[J]. Audiology Japan, 2004, 47 (5) 285–286.

④ 佐藤正美, 老年期の感覚機能・聴覚[J].老年精神医学雑誌, 1998, 9 (7): 771–774.

⑤ 長尾哲男ら, 老人性難聴者の聞こえ方の理解と対応方法の調査[J].長崎大学医学部保健学科紀要, 2003, 16 (2): 121–126.

⑥ 小渕千絵ら, 単語識別における韻律利用に関する検討[J].Audiology Japan, 2013, 56 (3): 212–217.

⑦ 岡本康秀, 補聴器で脳を鍛える——聴覚トレーニング[J].耳鼻咽喉科・頭頸部外科, 2015, 87 (4): 318–323.

⑧ 山岨達也, 感覚器領域の機能評価と加齢変化に対するサプリメントの効果[J].Food style 21, 2015, 9 (11): 48–51.

老年人经常让人困惑的行为之十一

① 独立行政法人国民生活センター 医療機関ネットワーク事業からさた家庭内事故―高齢者編―, 平成25年3月28日.

② 独立行政法人国民生活センター 滑る、つまずく、高齢者の骨折事故, 1996年10月24日.

③ 厚生労働省, 国民生活基礎調査の概況[M].2016.

④ 橋詰謙ら, 立位保持能力の加齢変化 [J].日本老年医学会雑誌, 1986, 23 (1): 85–92.

⑤ 中村耕三, ロコモティブシンドローム (運動器症候群)[J].日本老年医学会雑誌, 2012, 49 (4): 393–401.

⑥ 張冰潔ら, 日常視時における瞳孔径の年齢変化[J].神経眼科, 2008, 25 (2): 266–270.

⑦ 権末智ら，高齢者に対する視認性の優れた階段の配色：転倒事故の予防を目指して[J]．デザイン学研究，2009，56（3）：99-108.

⑧ 骨粗鬆症の予防と治療ガイドライン作成委員会，骨粗鬆症の予防と治療ガイドライン[M]．2015.

⑨ 厚生労働省，日本人の食事摂取基準の概要[M]．2015.

老年人经常让人困惑的行为之十二

① Lockenhoff CE et al, Aging, emotion, and health-related decision strategies: motivational manipulations can reduce age differences [J]. Psychol Aging, 2007, 22（1）：134-146.

② シーナ・アイエンガー，選択の科学[M]．文藝春秋．

③ 樋野公宏，買物不便が高齢者の食生活に与える影響とその対策：板橋地域における高齢者買物行動調査の結果分析[C]．日本建築学会計画系論文集，2002，67（556）：235-239.

④ 鎌田昌子ら，高齢者の買い物行動・態度に関する検討（1）：若年層との比較[J]．生活科学研究，2012，34：15-26.

⑤ 総務省統計局，平成26年全国消費実態調査[M]．2015.

⑥ 消費者庁，平成28年版消費者白書．

⑦ 独立行政法人国民生活センター，60歳以上の消費者トラブル110番[M]．2016.

老年人经常让人困惑的行为之十三

① 中村光男，高齢者の消化吸収能と栄養評価[J]．日本高齢者消化器病学会義会誌，2001，3：1-4.

② Karlsson S et al, Characteristics of mandibular masticatory movement in young and elderly dentate subjects [J]. J Dent Res, 1990, 69（2）：473-476.

③ Roberts SB et al, Nutrition and aging: changes in the regulation of energy metabolism with aging [J]. Physiol Rev, 2006, 86（2）：651-667.

④ MacIntosh CG et al, Effect of exogenous cholecystokinin (CCK) -8 on food intake and plasma CCK, leptin, and insulin concentrations in older and young adults: evidence for increased CCK activity as a cause of the anorexia of aging[J]. J Clin Endocrinol Metab, 2001, 86 (12): 5830–5837.

⑤ Wanskink B et al, Bad popcorn in big buckets: portion size can influence intake as much as taste[J]. J Nutr Educ Behav, 2005, 37 (5): 242–245.

⑥ 厚生労働省, 平成27年国民健康・栄養調査 第2部 身体状況調査の結果.

⑦ Wilson MM et al, Effect of liquid dietary supplements on energy intake in the elderly[J]. Am J Clin Nutr, 2002, 75 (5): 944–947.

⑧ De Castro JM et al, Spontaneous meal patterns of humans: influence of the presence of other people[J]. Am J Clin Nutr, 1989, 50 (2): 234–247.

⑨ Nakata R et al, The "social" facilitation of eating without the presence of others: Self-reflection on eating makes food taste better and people eat more[J]. Physiol Behav, 2017, 19; 179: 23–29.

老年人经常让人困惑的行为之十四

① 兵頭政光ら, 嚥下のメカニズムと加齢変化[J]. 日本リハビリテーション医学会誌, 2008, 45 (11): 715–719.

② 垣内優芳ら, 中高齢者の随意的咳嗽力に関連する因子[J]. 日本呼吸ケア・リハビリテーション学会誌, 2015, 25 (2): 272–275.

③ 千住秀明ら, 慢性閉塞性肺疾患（COPD）理学療法診療ガイドライン 理学療法診療ガイドライン[J]. 理学療法学, 2016, 43 (1) 1: 64–66.

④ 田村幸嗣ら, 2週間のハフィングトレーニングが呼吸機能に及ぼす効果について[C]. 日本理学療法学術大会, 2011.

⑤ 小口和代ら, 1機能的嚥下障害スクリーニングテスト反復唾液嚥下テスト（the Repetitive Saliva Swallowing Test: RSST）の検討（1）正常値の検討[J]. 日本リハビリテーション医学会誌, 2003, 37 (6): 375–382.

⑥ 若林秀隆, 高齢者の摂食嚥下サポート[M]. 新興医学出版社.

⑦ Quandt SA et al: Dry mouth and dietary quality in older adults in north Carolina[J]. J Am Geriatr Soc, 2011, 59 (3): 439–445.

老年人经常让人困惑的行为之十五

① 三岛和夫，高齢者の睡眠と睡眠障害[J]．保健医療科学，2015，64（1）：27–32．

② 井上雄一，認知症と睡眠障害[J]．認知神経科学，2015，17（1）：26–31．

③ 三島和夫，老化を考える（10）加齢、うつ病、そして睡眠と生体リズムの関係について[J]．生体の科学，2012，63（2）：140–148．

④ 亀ヶ谷佳純ら，夏季の寝室温熱環境が高齢者と若齢者の終夜睡眠に与える影響[C]．空気調和・衛生工学会飢近畿支部　学術研究発表会論文集，2013，42：169–172．

⑤ 小西円ら，床上時間や消灯時間が施設入所高齢者の夜間睡眠に与える影響[J]．愛媛県立医療技術大学紀要，2015，12（1）：47–50．

⑥ Emens JS et al，Effect of light and melatonin and other melatonin receptor agonists on human circadian physiology[J]．Sleep Med Clin，2015，10（4）：435–457．

⑦ 平松類ら，テアニン投与による高酸素負荷ラット網膜血管新生への影響[J]．日本眼科学会雑誌，2008：112（8）：669–673．

老年人经常让人困惑的行为之十六

① 日本老年医学会，老年医学系統講義テキスト[M]．西村書店．

② 岡村菊夫ら，高齢者尿失禁ガイドライン．

③ 福井圀彦・前田眞治，老人のリハビリテーション[M]．8版．医学書院．

后记

这本书是专为家有老年人的人，或者从事与高龄者相关工作的人而写，当然也包括已经进入老年时代的人和对自己即将进入老年时代而担心的人。

与此同时，我希望日本能成为一个更利于老年人生活的国家。虽然店里挂着"客户第一"的标语，但是店员却以尖脆的声音和老年人说话。虽然为居民办事的行政单位写着"为了市民"，但是公告板和资料等上的文字却小得让人看不清。有这样的事情和地方才是可悲的。

当然，这些地方的人是没有恶意的，并且还以积极热情的态度对待老年人，只是他们自己本身也没有注意到自己的错误。就是我自己以前也是经常空忙一场。这是因为我们都不知道"身体自身老化"情况。

我是右撇子，是为了更好地做手术，我有段时间练习用左手生活，如左手拿筷子，左手拿东西等。在车站过检票口时左手拿车票就会很不方便，就想怎么没有方便左手持票的检票口呢？平常使用的剪刀用起来也很不方便，但是也有卖左手用的剪刀，所以对于左撇子来说就没有什么不便。在餐厅吃饭，筷子都会按照客人是右撇子的前提而摆放。在拉面店都会有肘和肘碰到一起的时候。（日本的拉面店围着圆圈坐的比较多，并且一般位置都会比较拥挤）类似这样的事情我经历了很多。

日常生活中，左撇子的人都有这么多不方便，一想到高龄者会有更多的不便，我不禁打个寒战。

如果大家了解了"身体自身老化"，各出版社会出版更容易让老年人读的书。各饭店也会考虑推出更适合老年人口味的饭菜。这样的话，我们的整个社会会更利于老年人生活，等现在的年轻人老了，社会一定会"进化"为更和谐的社会。

日本是世界上老龄化最严重的国家，有的人把这个看成是危机，有的人看成是机遇。

把老龄化视为危机的人，甚至会说高龄者的坏话。他们固执地使用"老害"（企业和团体的中心人物，即使年纪大了也不让位的人，不进行年轻化的状态）等歧视性言语，歧视高龄者。说实话，我很讨厌这样的想法（说法），也可能是因为我喜欢老年人的缘故吧。

把这种现象看作机遇的人，希望通过这个机会，建立新的日本，创造世界上先进和谐的老龄化社会，进而引起全世界的注目，使世界其他各国也都成为利于老年人生活的社会。希望如此！

即便如此，日本的社会，均无法一下子改变，更不用说世界了。

特蕾莎修女致力于临终安养院（Hospice）（对于临

近死期的患者，为了缓解他们身体的苦痛和对于死的恐怖而提供医疗、精神、社会援助的机构）和麻风病设施的搭建，并且斡旋在以色列军与巴勒斯坦游击队之间。她于1979年获得了诺贝尔和平奖，在回答"为了世界和平我们应该怎么办好"时，她说："回家和爱你的家庭。"

我们也应该学习这句格言，首先要爱家人和身边的人，为了他们的幸福而行动是我们应该迈出的第一步。

希望本书能对您本人、您的家庭、您周围的人（身边的人）有用或者在您工作中能起一点作用，将我们的世界变成高龄者也容易生活的世界，我将备感欣慰。

平松类